口金包の
美麗刺繡設計書

序

開關口金時發出的「咔嚓」聲響，還有它圓潤飽滿胖嘟嘟的身形，
都令我深深地為之著迷，就這樣怎麼作也不厭倦地繼續製作口金波奇包。

本書從各種形狀與尺寸的口金包中，
挑選了 9 大類日常生活中可以隨時隨地使用的款式。
我準備了許多喜愛的動物＆植物圖形，將它們製作成簡單樸素又溫馨的圖樣。
從刺繡點綴到完成口金包製作皆有詳細的解說，就連挑戰製作毛線球的方式也有介紹，
可以依照個人喜好搭配組合，敬請期待吧！

以波奇包作為刺繡的畫布，就能完成非常優秀的設計小物。
先從將單一花樣的刺繡製成可愛又小巧的口金波奇包，
並加工作成項鍊＆胸針的樂趣開始著手吧！

我喜歡在波奇包的布面上花費許多時間，加上工序繁瑣的豐富刺繡，
不惜花費精神與時間，小心翼翼地進行每個步驟，使所有的點綴花樣顯得華麗優雅。
但再怎麼樣都比不上觸摸時的舒適感，還有實際使用時心情愉悅的感覺更是美好！

完成的作品無論在哪都買不到，是只屬於自己獨有的心愛寶物——
為了體會這樣的存在價值，你一定要試著做作看喔！
以滿心喜悅的心情、步調緩慢且謹慎小心地專注於刺繡，
這也將會是你收穫豐富的學習時光。

Contents

Vase and flower

Page.62

玫瑰、雛菊、薰衣草、水仙花、野薊、金仗花、鈴蘭花……單朵插花的小花瓶並排出美麗的圖案。

花瓶＆花

Gamaguchi No.1 / No.4

page.78, 82

以花朵為主題的小口金包作成項鍊，可以放入口紅或護身符。將花瓶整齊排列刺繡，則成了身形細長的典雅筆袋。

蝴蝶

Gamaguchi No.6 / No.2

page.85, 80

在橢圓形口金框的包圍下，隨性地排列配置了四種蝴蝶圖樣。同系列還有迷你四角形的簡單口金包，這也是適合推薦給初學者的第一個口金。

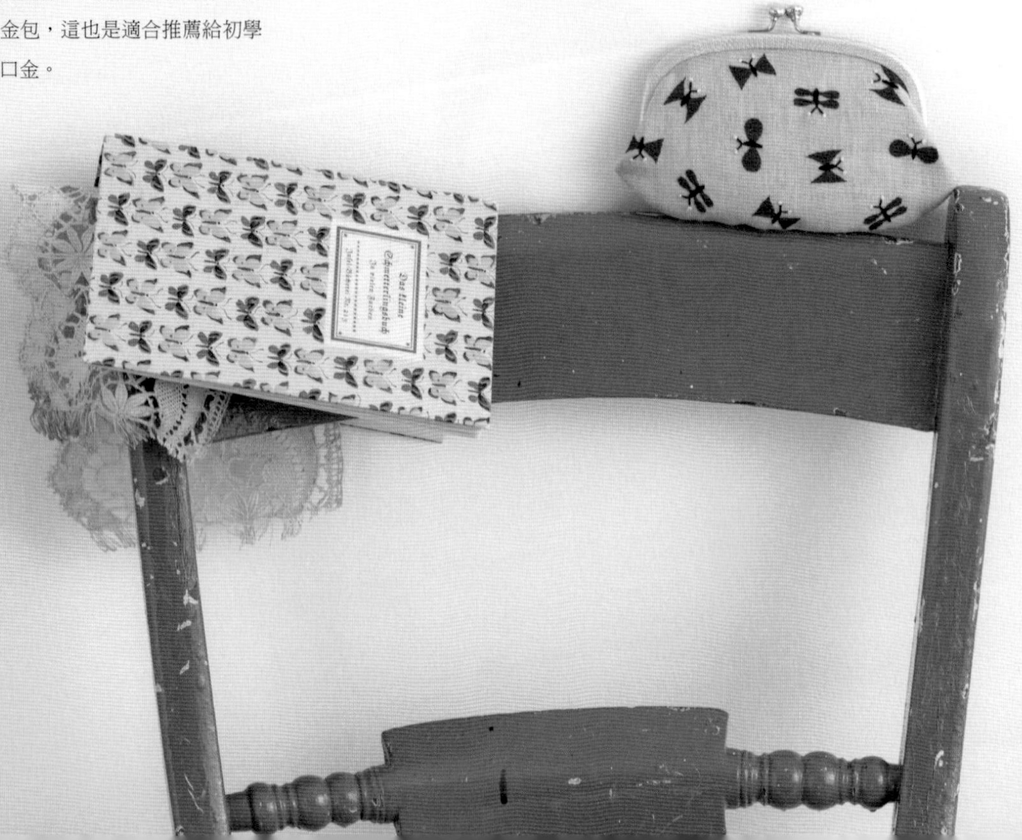

Butterfly

Page.61

Bird's feather

Page.64

鳥の羽毛

Gamaguchi No.7 / No.1

page.86, 78

以美國原住民特色形象為設計主題的多款鳥羽，搭配成大人風色系的口金包。使用了許多技巧性的設計繡法，推薦給稍微進階的熟手們。

Botanical flower

Page.65

植物花叢

Gamaguchi No.9

page.88

多采多姿地開滿不可思議色彩花朵的大型口金包。金黃色的金屬口金為整體增添了幾分華麗感，流蘇則是以毛線製作而成。

Flower scales Page.66

花朵 × 魚鱗紋

Gamaguchi No.9

page.88

將布面施以刺繡，呈現出古典風格的設計。只要不惜花費時間專注於刺繡，終將收穫奢華美麗的成品。最後再加上毛線流蘇作為裝飾。

Flower bed

Page.67

花壇

Gamaguchi No.4

page.82

宛如從繪本中蹦出的柔軟蓬鬆感的花朵們，以律動感的姿態並列著。縫製成雜貨小物時，搭配黑色底布更能營造出成熟韻味，非常值得推薦！

Butterfly and flower pattern

page. 61

蝴蝶＆花

Gamaguchi No.7

page. 56,86

蝴蝶＆花的連續花樣圖騰。結合日常方便使用的側幅口金設計，以米白、黃色、深綠色的三色沉穩配色，完成北歐風格的作品。

Happy holiday

Page.68

快樂の休假日

Gamaguchi No.8

page.86

以「喜悅」為主題，組成各式圖案飛舞交錯的構圖。再將天藍色的方形口金包搭配上皮革提把，就完成了增添幾分現代感的作品。

Lemon 檸檬

page. 69

Gamaguchi No.6

page. 85

將色彩鮮明的藍色亞麻布，絕妙地搭配上黃色刺繡，作出清爽的夏季色彩波奇包。

Beats 紫色蕪菁

page. 69

Gamaguchi No.6

page. 85

紫色蕪菁是淡綠色×紫色的刺繡組合。將葉子繡得纖細一些，會使作品更顯得小巧可愛。

Cat

Page.69

Gamaguchi No.3

page.81

幽默逗趣的貓咪圖樣卡片夾。純灰毛色×黃色眼睛，是以我家貓咪的印象進行刺繡的喔！要不要試著變換身體的顏色＆花斑模樣，挑戰自己喜愛的貓咪刺繡呢？

Boys and girls

Page.70

男生＆女生

Gamaguchi No.3

page.81

穿著鮮豔多彩的男生女生們，相互交錯地手牽手的卡片夾。為了襯托色彩鮮明的繡線圖案，口金＆表布特別選用相近的沉穩色彩。

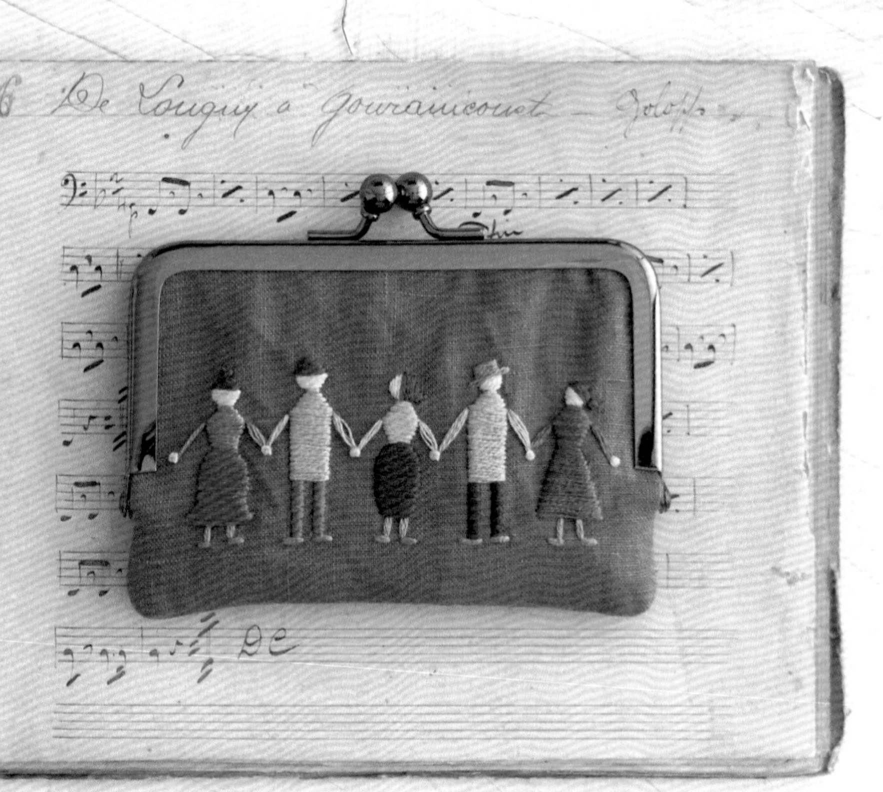

Spring steppe

Page.71

春天の草原

Gamaguchi No.8 / No.2

page.86, 80

以「草原上開滿了人見人誇的春色花朵」為主題的手提包，並附上成套搭配的迷你口金。以簡單的刺繡方法重複繡製圖案的設計，相當適合推薦給初學者。

Flamingo

page. 71

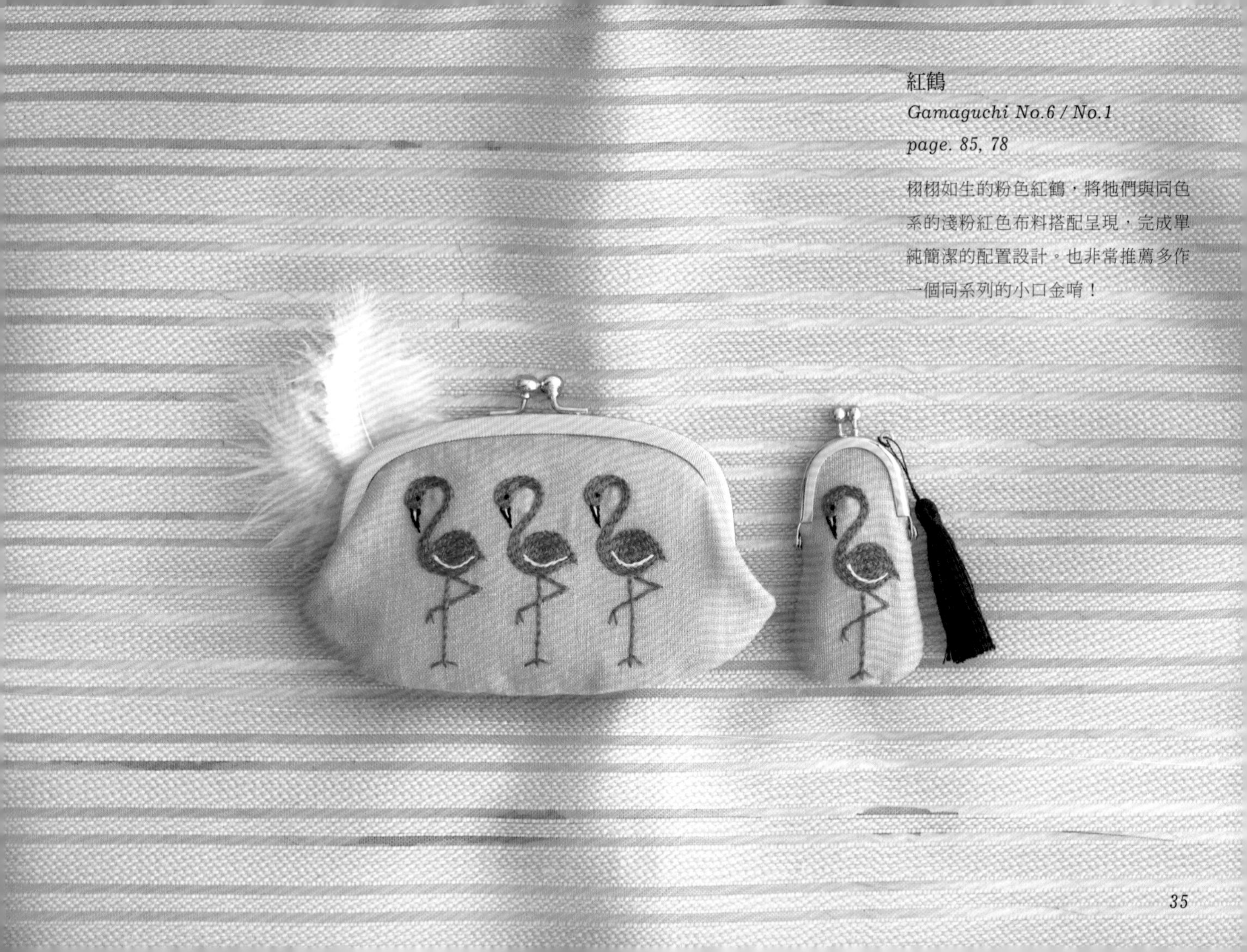

紅鶴

Gamaguchi No.6 / No.1

page. 85, 78

栩栩如生的粉色紅鶴，將牠們與同色系的淺粉紅色布料搭配呈現，完成單純簡潔的配置設計。也非常推薦多作一個同系列的小口金唷！

Violet and dandelion

page. 72

紫羅蘭&蒲公英

Gamaguchi No.5

page. 83

黃色&紫色雖然是強烈對比色的組合，但若用於繡製古典花朵圖案，就能完成襯托出成熟女性高貴優雅氣質的作品。點綴裝飾上同色系的流蘇更添質感。

Bird

page. 73

鳥

Gamaguchi No.5

page. 83

在成熟穩重的表布上繡製小鳥主題的圖樣。以圓潤飽滿的袖珍口金含括了花朵、枝葉、鳥兒，悄悄地將一個鮮活的世界意象封存於完成的作品中。

Camellia

Page.74

山茶花

Gamaguchi No.8

page.86

大朵盛放的山茶花，是以鎖鏈繡大膽描繪的線條圖案。玫瑰粉紅與藏青色的組合，適合搭配古典風格的金屬鏈條。

Satin flower 緞面繡花

page. 75

Gamaguchi No.5

page. 83

以緞面繡針法搭配上栩栩如生的豐富色彩，完成不可思議的花朵圖案。這樣一朵幽默姿態的花朵，是不是非常適合配上一顆圓滾滾的毛線球呢！

Water flower

page. 76

水中花

Gamaguchi No.7

page. 86

以在水中搖曳生姿的花朵為主角，是非常可愛又討喜的圖案。在白色布材上僅以青色的單一繡線，完成如夏天般清新爽朗的波奇包。

Flower bud

page. 77

花苞

Gamaguchi No.4

page. 82

豐潤飽滿的的花苞圖案。以筆袋同款的方形口金，完成無側幅設計的手拿包。依喜好加上皮革提把或鍊條都很適合喔！

How to make

書中圖案使用的基本繡法

＆完成美麗刺繡的技巧，皆將在此詳細介紹。

刺繡圖案＆口金波奇包的作法

則請參照接續於後的作法解說。

＊作品使用的繡線束，除了特別指定之外皆為 1 束。

＊數字單位除了特別指定之外，皆為 cm。

Tools 道具

1. 刺繡框
   使布平展防止鬆弛的繡框。繡框的大小可依圖案的尺寸選擇，但推薦直徑10cm左右的繡框。

2. 鐵筆
   複寫圖案於布料時所使用。

3. 剪線
   推薦前端尖銳&刀薄的款式較方便使用。

4. 布剪
   請準備鋒利好剪的裁布專用剪刀。

5. 手工藝專用複寫紙
   將圖案複寫於布料的專用複寫紙。複寫於黑色等深色布料上時，請使用白色的手工藝專用複寫紙。

6. 描圖紙
   用於複寫圖案的輕薄紙張。

7. 玻璃紙
   為免描圖紙破損，在複寫圖案於布料上時輔助使用。

8. 針&針包
   請準備針頭銳利的法國刺繡專用針。依使用25號繡線股數的不同，適用的針號也有所不同。

9. 穿針器
   適合不擅於穿線者可選擇使用。

10. 錐子
    繡錯重繡時，有此工具非常便利。

11. 手藝用接著劑
    接黏口金&布料時使用。推薦出膠口細小的類型較為方便。

12. 口金壓合鉗
    壓合口金邊端，加強固定布料的工具。

Materials 材料

本書所使用的繡線，是最常見的25號繡線。鮮豔亮麗且富有光澤的質感，是法國品牌DMC繡線的特徵。而多樣造型＆尺寸的口金，皆是搭配亞麻布進行製作。亞麻布刺繡簡單、可以洗滌、手感也非常舒適，用於刺繡＆製作口金包的樂趣值得令人期待。但別忘了亞麻布在使用前，要先過水洗滌一下喔！

依繡線股數不同 請更換刺繡針的粗細

依繡線線股數的不同，適時更換刺繡針的粗細較容易穿線。布料的厚度也是改變刺繡針粗細的依據之一。以下提供可樂牌刺繡針的選用標準。

25 號繡線	刺繡針
6 股線	3・4 號
3・4 股線	5・6 號
1・2 股線	7至10 號

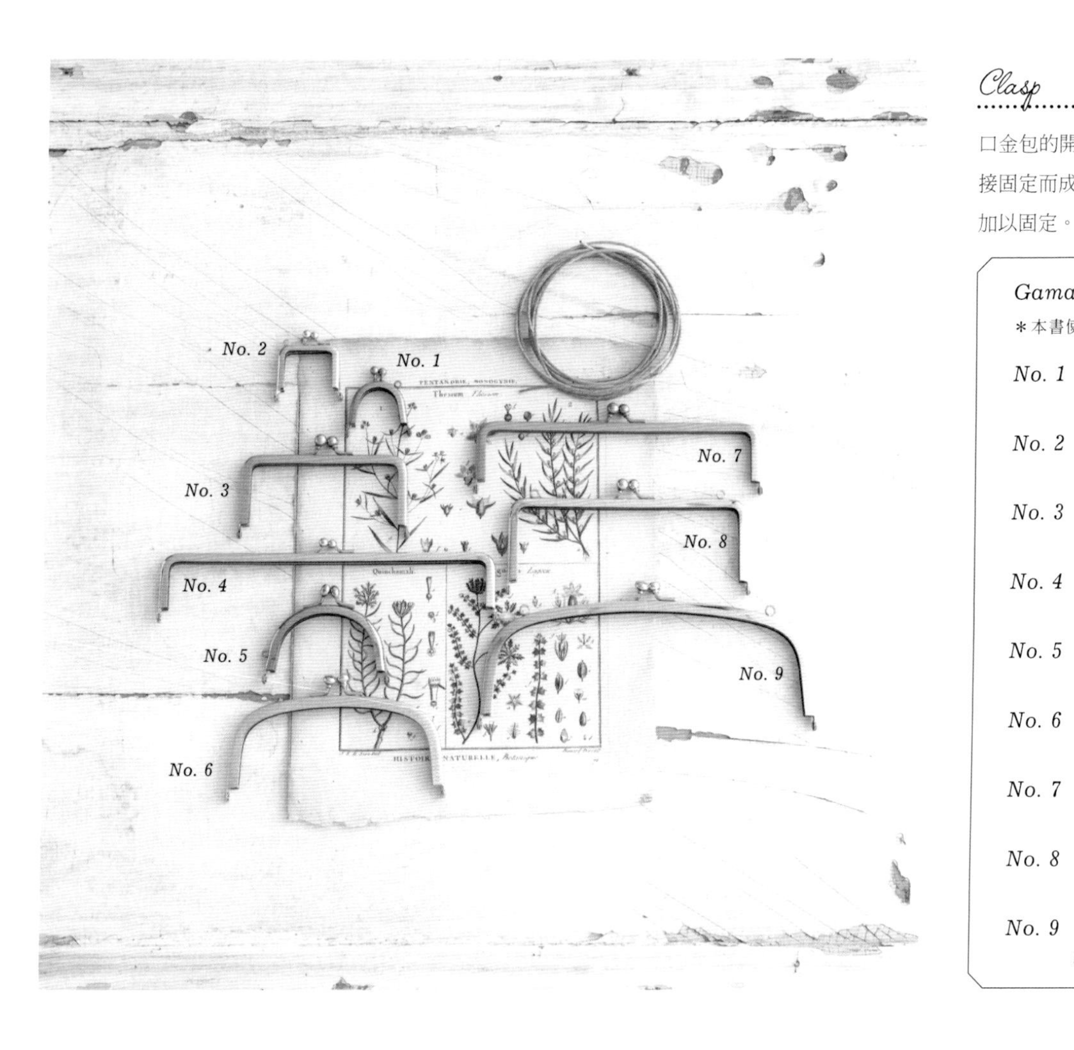

Clasp 口金

口金包的開口處，是將袋身的袋口與口金金具裝接固定而成。裝接口金時，需將紙繩塞入溝槽中加以固定。

Gamaguchi 使用口金一覽

＊本書使用的角田商店口金型號

No. 1 洋梨形迷你口金
F1／3.6cm 深圓

No. 2 方形迷你口金
F16／4cm 方圓

No. 3 卡片夾
F22／10.5cm 方圓

No. 4 筆袋／手拿包
F67／21cm 扇子用

No. 5 圓形波奇包
F76／7.5cm 圓形

No. 6 橢圓形波奇包
F204／13.2cm 櫛形

No. 7 側幅波奇包
F25／18cm 方圓

No. 8 方形包／小挎包
F29／15cm 方圓　可掛式

No. 9 大型手拿包
F73／20.4cm 櫛形　可掛式

刺繡針法
&基礎通識

以下介紹本書使用的七種繡法，及可以漂亮完成作品的技法訣竅。

Straight stitch
直線繡

用於描繪短線時的繡法。繡製樹枝等圖案時使用。

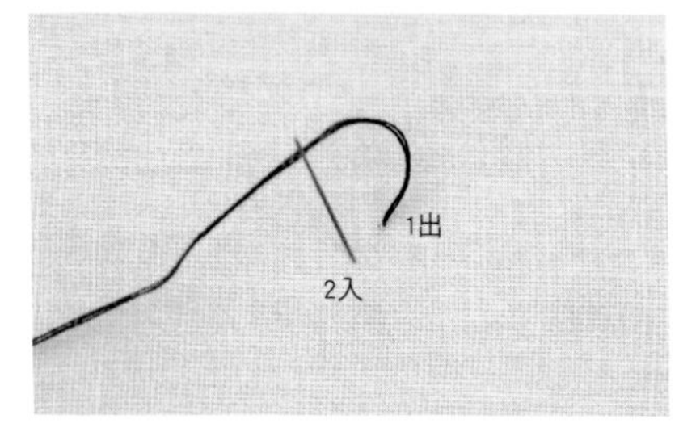

Running stitch
平針繡

用於描繪點線時的繡法。用於填滿大面積時，以相互交錯半針的方式進行填滿。

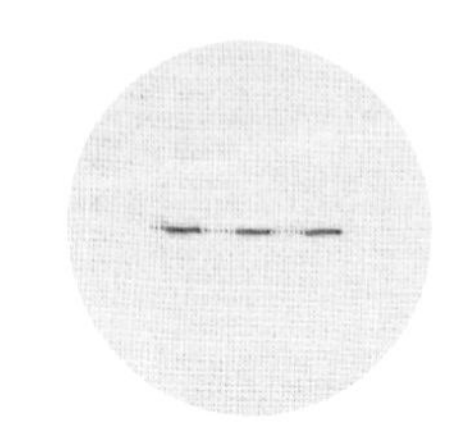

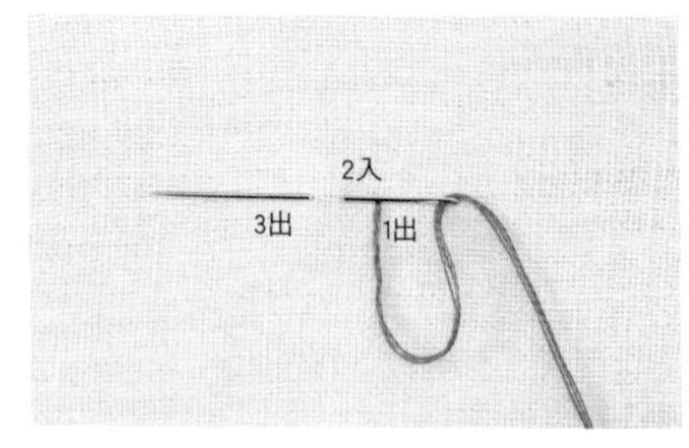

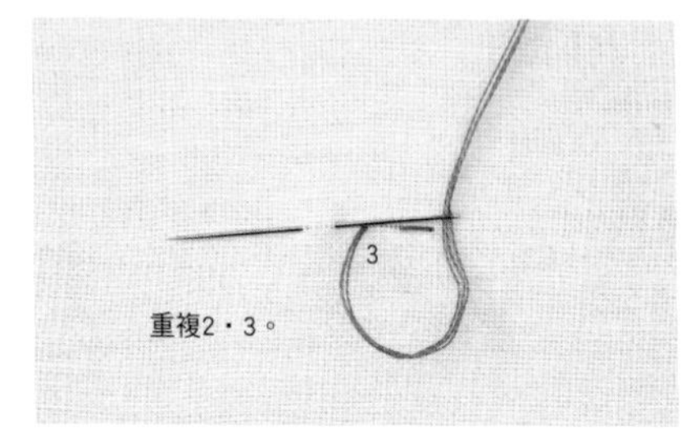

Outline stitch
輪廓繡

用於描繪輪廓時的繡法。轉彎時以細針目進行刺繡即可完成漂亮作品。

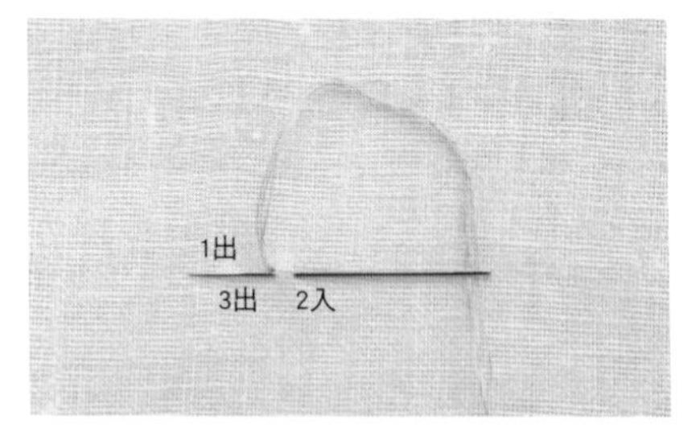

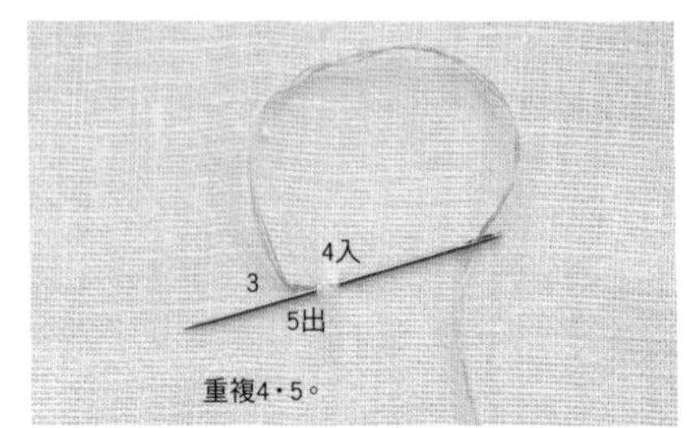

Chain stitch
鎖鏈繡

不要將繡線拉得太緊，使鎖鏈呈現微微立體浮出，是漂亮的訣竅。

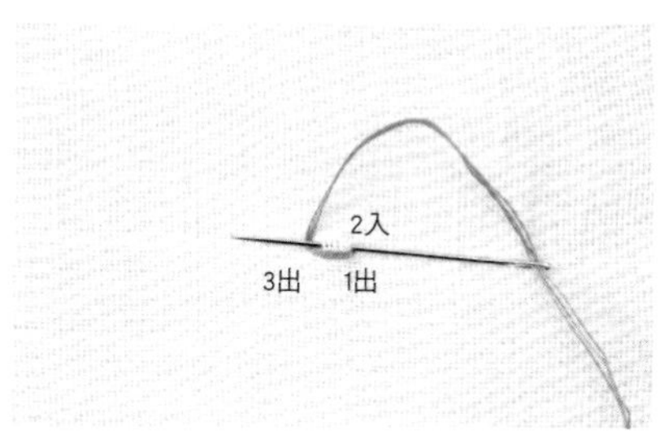

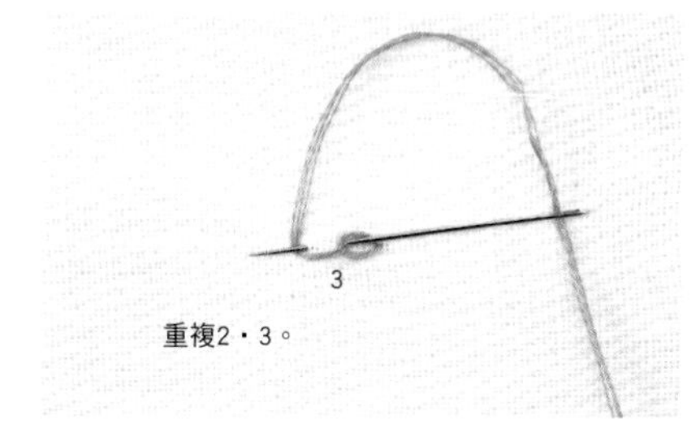

French knot stitch
法式結粒繡

基本為繞針2圈。大小請以繡線的股數調節。

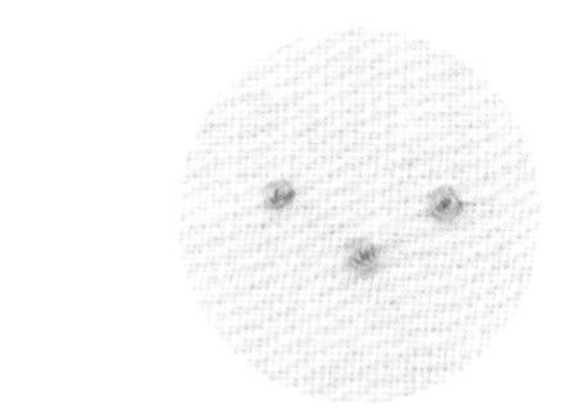

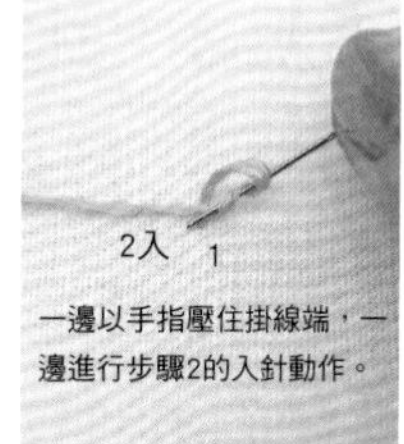

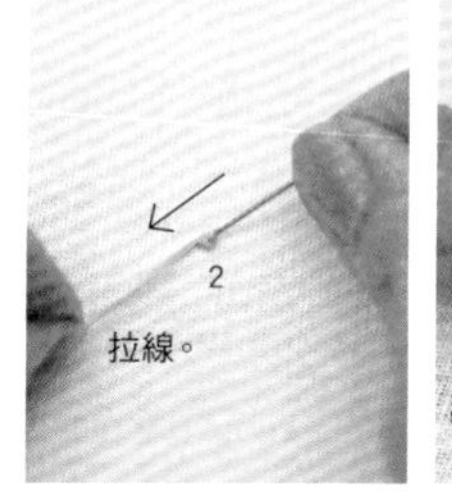

Satin stitch
緞面繡

使線段保持平行地運針，繡滿一整面的繡法。想要表現帶有份量的質感時使用。

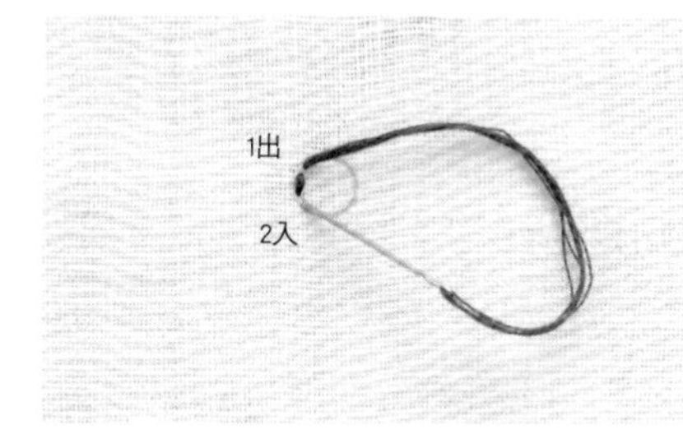

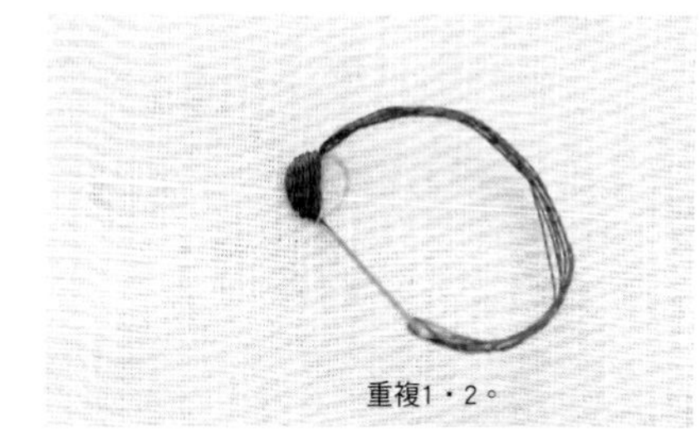

Lazy daisy stitch

雛菊繡

用於表現小花瓣等小花樣時的繡法。

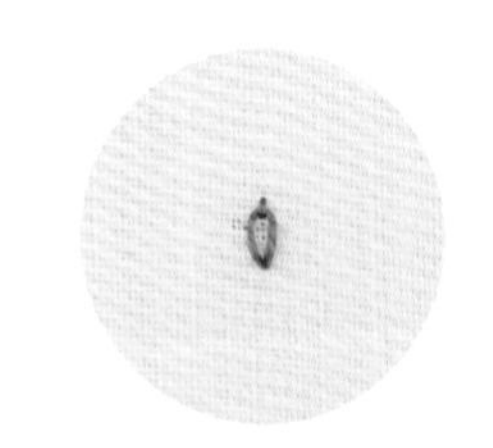

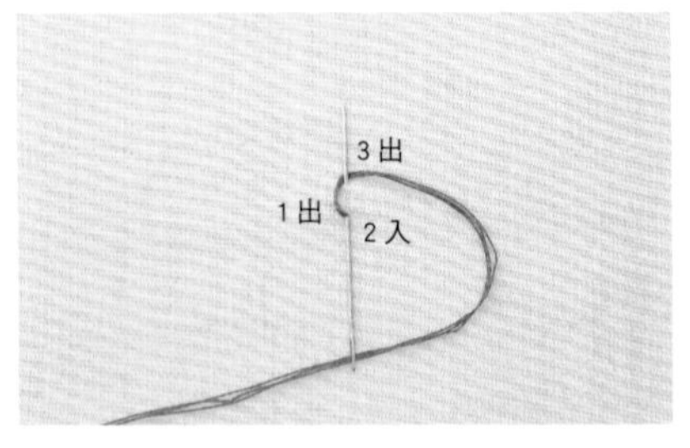

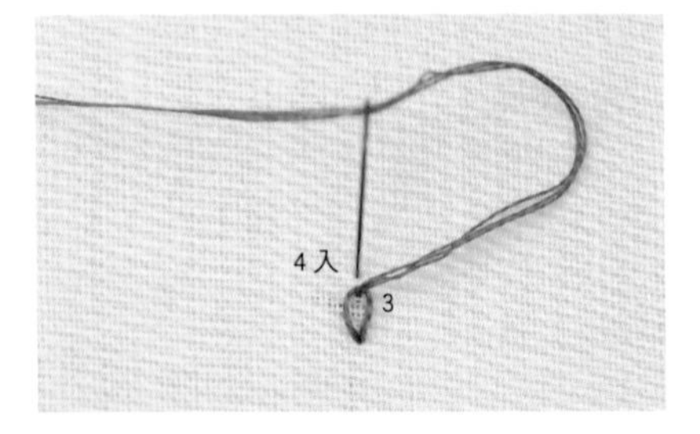

Lazy daisy stitch + Straight stitch

雛菊繡＋直線繡

在雛菊繡的中央填滿繡線，表現出份量感十足的橢圓形。

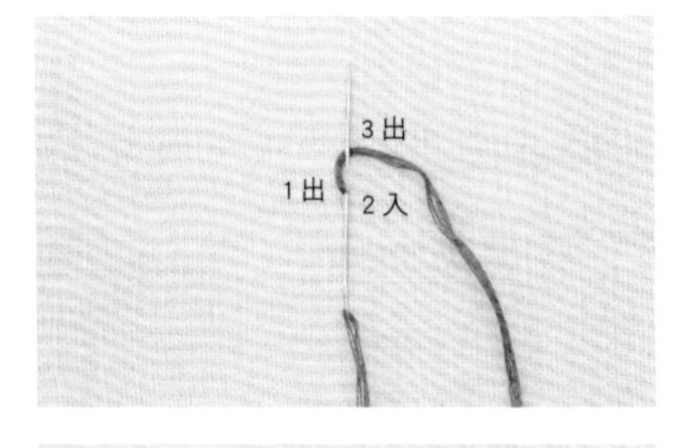

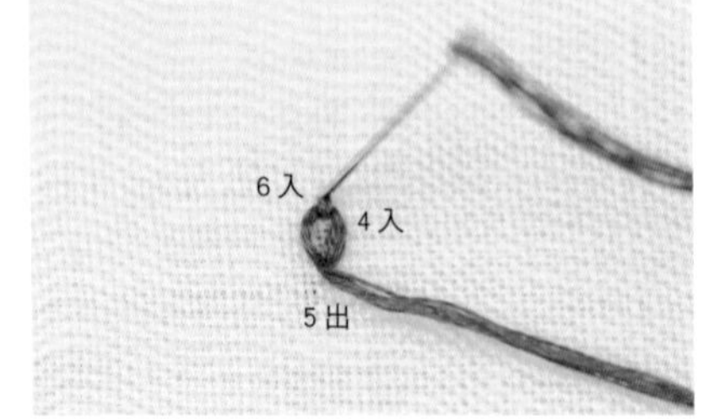

{繡出漂亮的角度}

若想以鎖鏈繡作出尖銳角度時，訣竅是在轉角處進行單邊刺繡的最後一針。

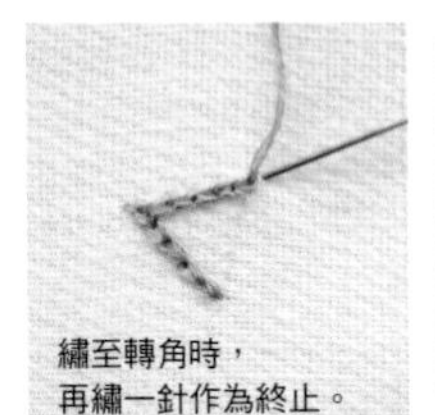

繡至轉角時，
再繡一針作為終止。

改變角度，
進行另一邊的刺繡。

{填滿整面的漂亮刺繡}

以鎖鏈繡或法式結粒繡等針法進行整面填繡時，請注意不可留有縫隙。

沿著外圍輪廓從外側
繡至中心。

{複寫圖案}

從在布料上描繪圖案開始吧！請先比對布料的經線＆緯線方向，再進行圖案配置。

1 將描圖紙放置於圖案上進行複寫。

2 依圖示順序重疊擺放，以珠針固定後，以鐵筆描繪圖案。

{繡線の處理方法}

請將指定的股數一條一條地拉出，對齊整理好後使用。整齊地理順線流方向，成品會格外美麗漂亮喔！

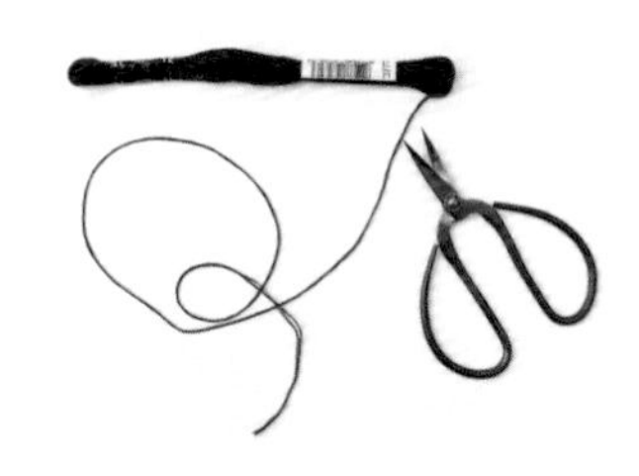

拉出約60cm長的繡線後剪斷。

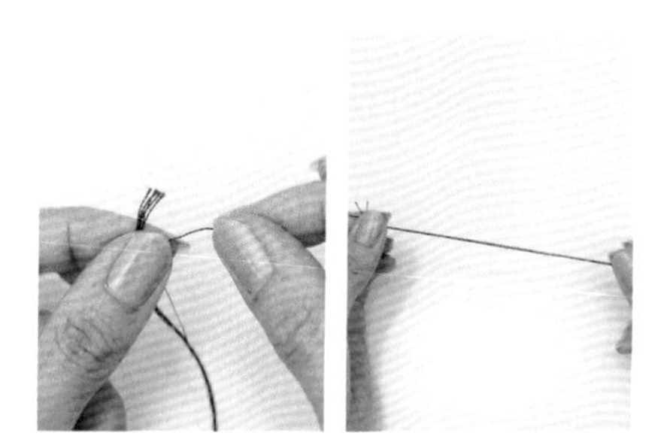

從捻合的繡線中，一條一條地將需要的股數拉出對齊。

{刺繡の開端＆結尾}

刺繡的開端＆結尾位置是自由的。但繡製雜貨小物時，必需以止縫結進行固定。

若有跳過1cm以上針目的狀況時，必需以止縫結固定。

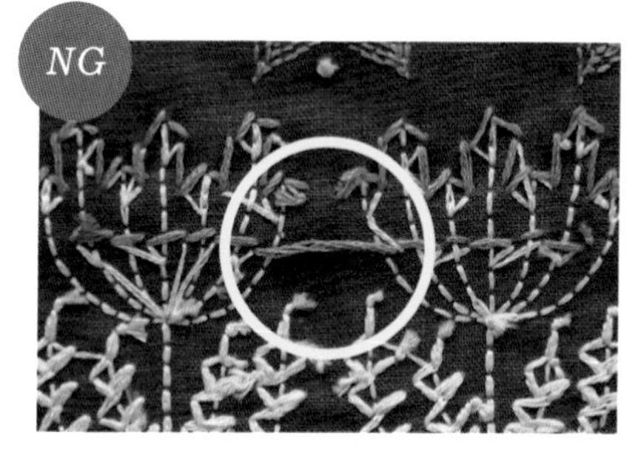

每個圖案皆以止縫結固定是基本的作法。此作法可以有效地防止繡線被鉤出。

口金包の基礎作法

側幅波奇包

蝴蝶＆花_ *page.23*／

紙型 附錄紙型B面

【完成尺寸】

約20×10cm

【材料】

表布：亞麻（深綠色）—30×30cm

裡布：亞麻（米白色）—30×30cm

DMC 25號繡線3866（白色）—3束、832（黃色）

口金（F25／18cm方圓／黃銅鍍金）—1個

＊此作法頁的波奇包是依p.22的配色進行製作。

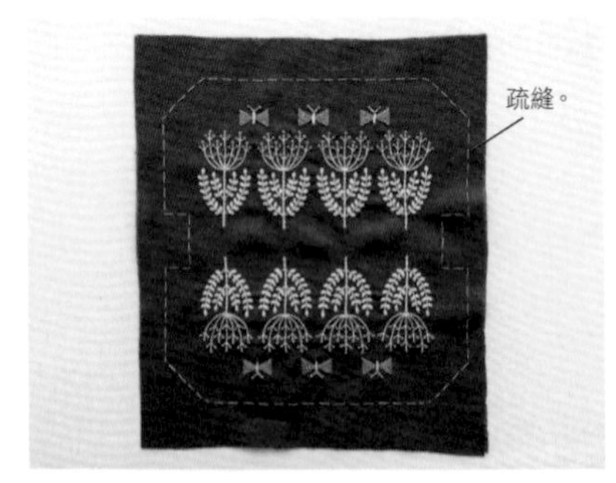

1 在表布正面複寫出口金包的紙型輪廓＆刺繡圖案後，以疏縫線等較粗的縫線，沿著口金包紙型輪廓以平針縫疏縫記號線，並依圖案進行刺繡。

2 在表布上輕輕噴水去除記號筆的印記，以熨斗整燙過後，將表布＆裡布正面相對疊合，並以珠針固定。

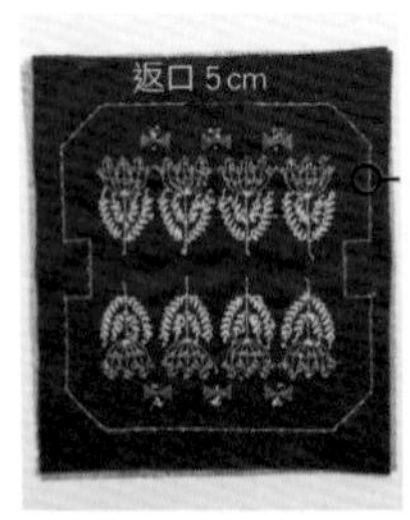

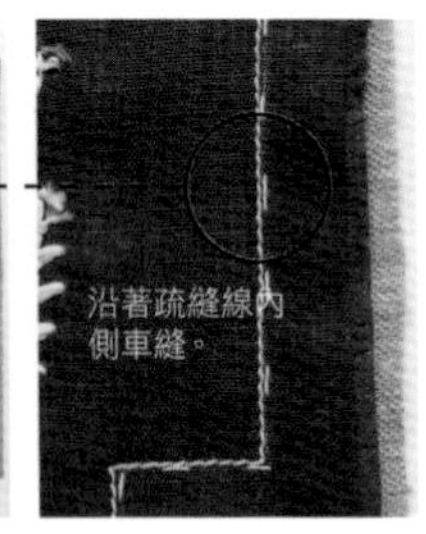

3 以縫紉機沿著步驟1疏縫線內側進行車縫，並預留5cm左右的返口。

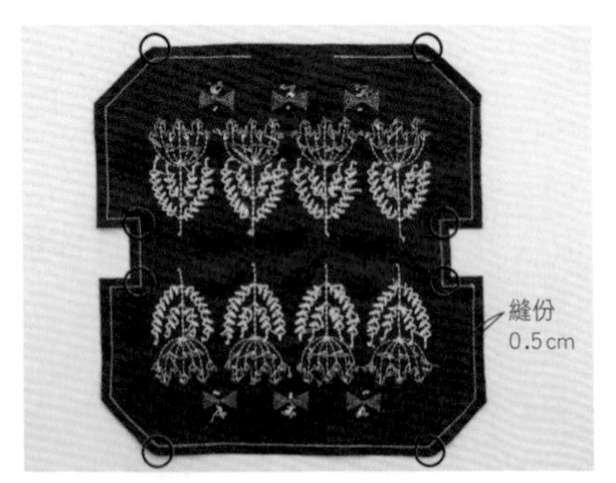

4 去除疏縫線，沿邊預留0.5cm縫份＆裁剪主體布。並在轉彎的曲線處＆側幅轉角處的縫份上剪牙口。

\ *Point* /

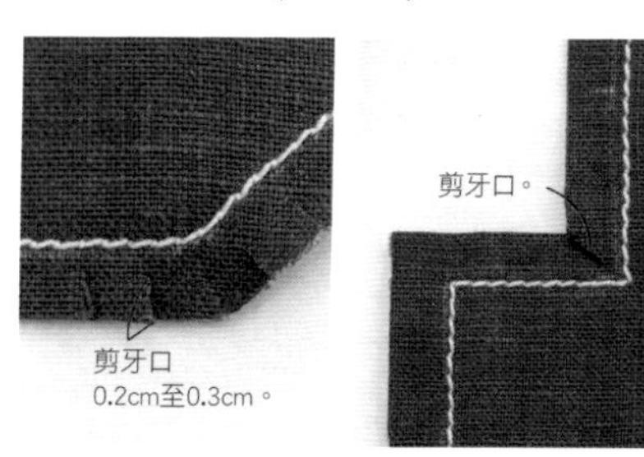

一邊注意不要剪到車縫線，一邊於縫份上剪0.2至0.3cm的牙口。藉由剪牙口的小技巧，翻回正面後的曲線＆轉角皆能漂亮呈現。

5 從返口翻回正面，以熨斗整燙形狀。在主體返口處的上緣邊端，於距邊0.2cm的位置上進行壓線車縫。另一端的上緣也以同樣作法進行壓線車縫。

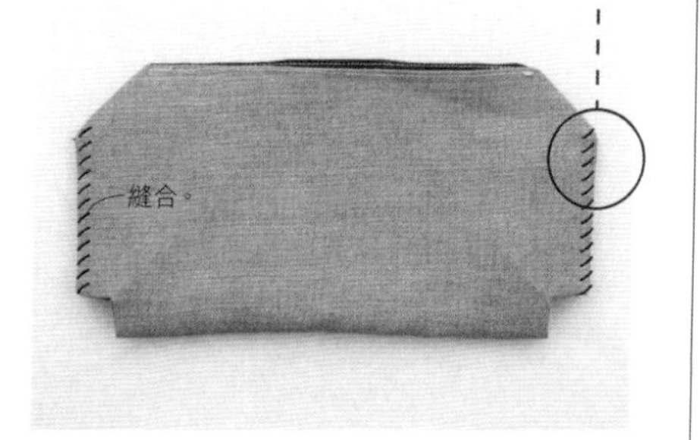

6 主體正面相對對摺＆以珠針固定，以捲針縫縫合脇邊。此時應取表布同色系的縫線，以細針目僅挑縫表布的方式進行縫合。

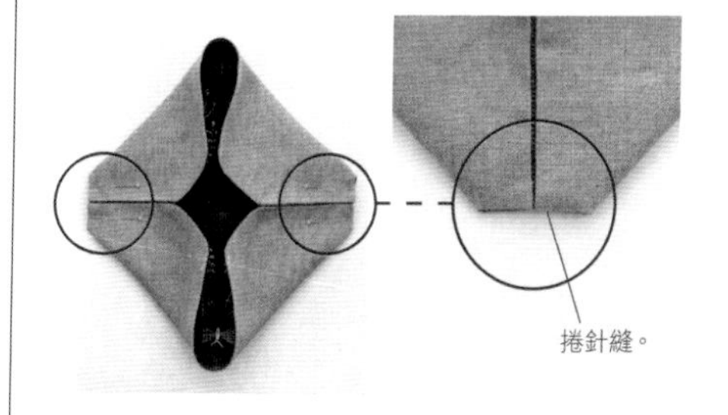

7 壓開脇邊＆與底布中線對齊重疊，再以捲針縫的方式縫合底部側幅。

{捲針縫縫法}

挑針於布邊，如以縫線捲繞的方式進行運針縫合。

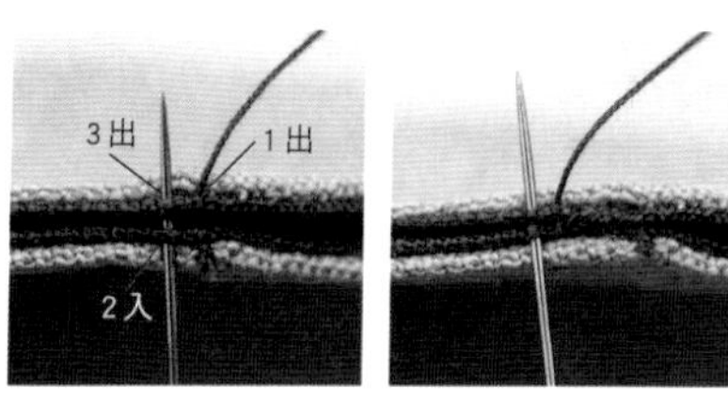

＊在此為使針法淺顯易懂而使用紅色縫線，實際製作時請選用與表布同色的縫線。

8 將主體翻至正面，整理形狀。

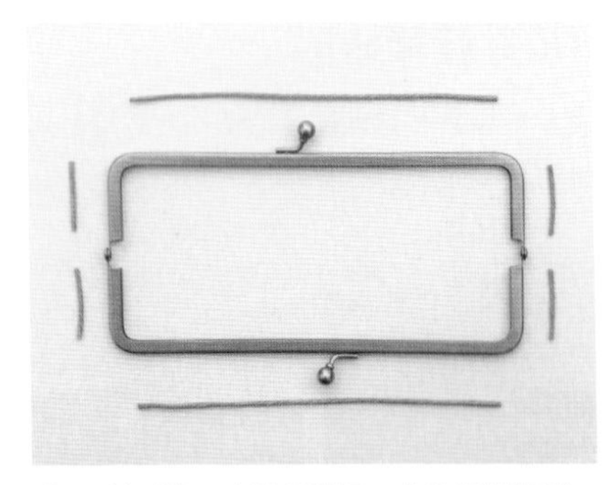

9 剪下比口金邊長略短一些的紙繩備用。使用有角度的口金時，依各邊長度裁剪備用。

\ *Point* /

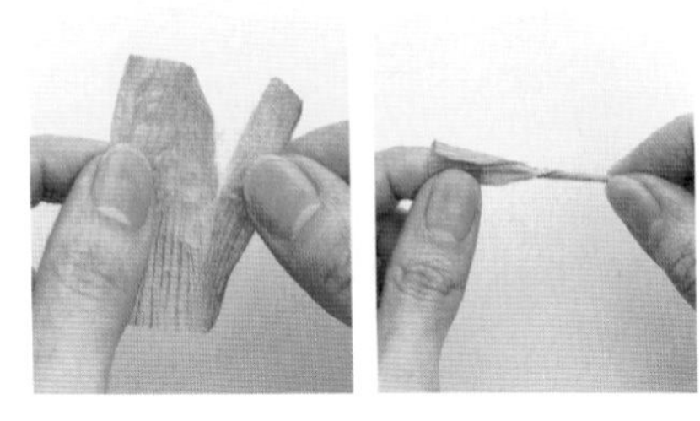

紙繩太粗時，可將其展開稍作修剪後再搓合回原狀，以此方式調節紙繩的粗細。

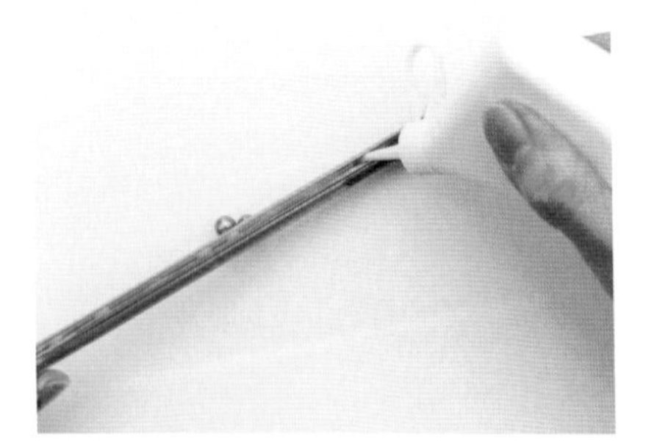

10 在口金框中塗上手藝用接著劑。溝槽的深處＆內側面，皆要等量均衡地塗抹。

11 對齊口金與主體的袋口中心＆邊角，以錐子輔助將袋口確實地塞入至口金溝槽的深處為止。邊角處請特別地用力壓緊塞入。

12 將步驟9的紙繩以錐子等工具，壓緊塞入口金溝槽中，建議可從上緣或脇邊較容易塞入的部分先完成。另一側作法亦同。錐子容易刺傷手指，請小心使用。

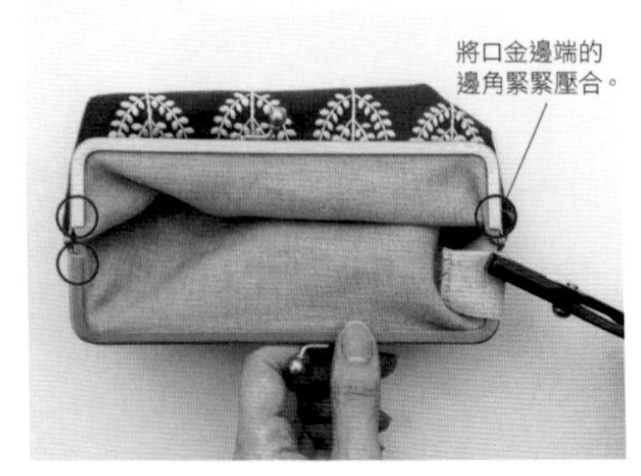

13 將口金邊端墊上一塊碎布，以口金鉗具夾緊。四處邊端皆以相同方式夾緊後，打開口金等待接著劑乾燥後就完成了！

Tassel

流蘇

【完成尺寸】

長度約5.5cm（不含吊環）

【材料】

亞麻線或毛線—適量

厚紙—6×6cm

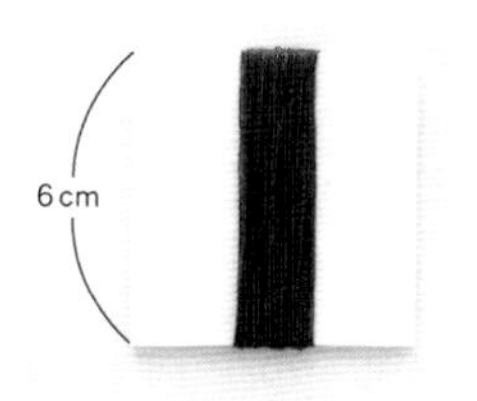

1 在6cm長的厚紙板上，繞線60圈。

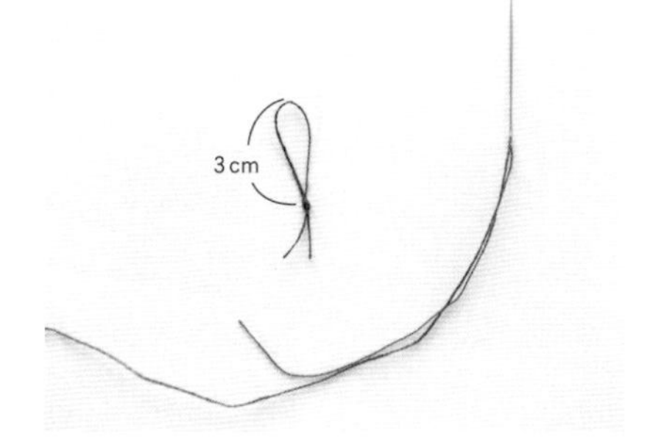

2 剪一段約15cm長的線繞成一個小圈＆打結固定。再取30cm長的線穿針備用。

3 將步驟2綁成小圈的線端，夾入步驟1捲好的線中暫時固定，再以針穿繞小圈3至4次用力拉緊捲好。

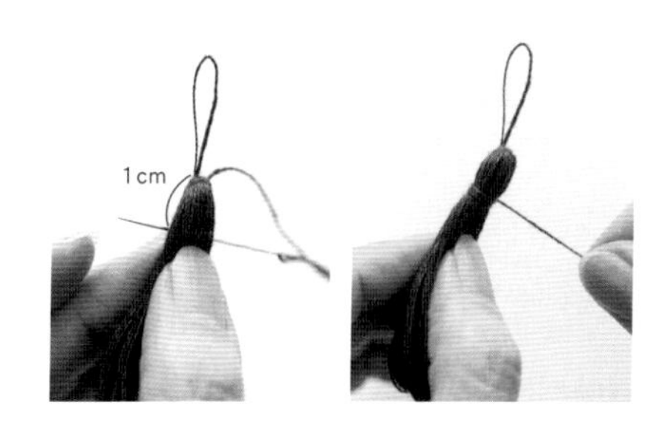

4 移除厚紙板＆將小線圈調整至上方位置，再從距離上端1cm的位置處，穿入針捲繞數圈後，拉緊＆手縫打結固定。

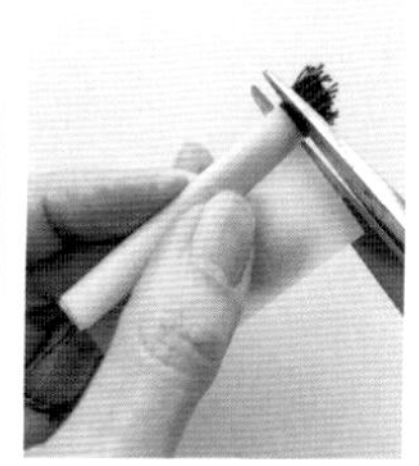

5 將下方線圈處剪開後，以紙張捲覆線束，再以剪刀將線端修剪整齊。

Pon-pon

毛線球

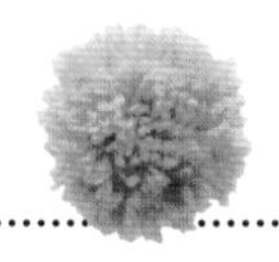

【完成尺寸】

直徑約3公分

【材料】

毛線—適量

厚紙板— 16×4cm

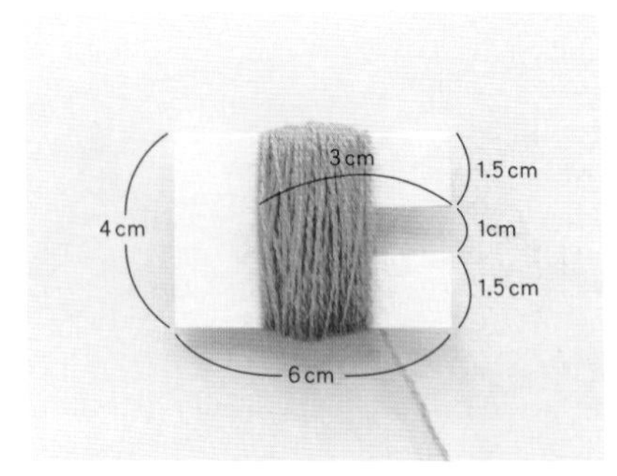

1 將厚紙板剪成圖示形狀後，在厚紙板上捲繞毛線100圈。

2 將毛線預留20cm左右後剪斷，從厚紙板的凹洞處繞線於線束的中央，捲緊&打結固定後，從厚紙板上取下。

3 以剪刀從兩側線圈中間剪開&以手指撥散毛線後，修剪各方向的線端，使整體形成球狀。

{C圈的使用方法}

接連項鍊或裝飾蘇格蘭別針時使用的C圈。因為是很小的五金配件，請小心謹慎保管以免遺失。

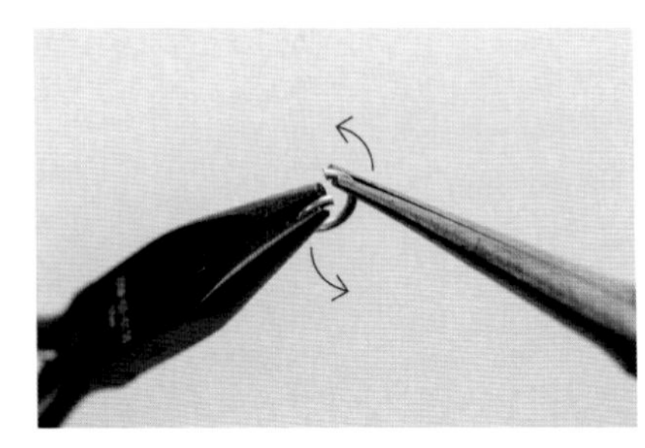

兩手各拿一把前端細長的鉗子，將C圈左右夾住，前後交錯地打開開口，封閉時則反方向使力閉合即可。

Butterfly
Page. 12

※除了特別指定之外，皆為鎖鏈繡（2）3866。
※除了特別指定之外，皆使用2股線。
※（）中的數字意指繡線股數，色號則皆對應DMC25號繡線。

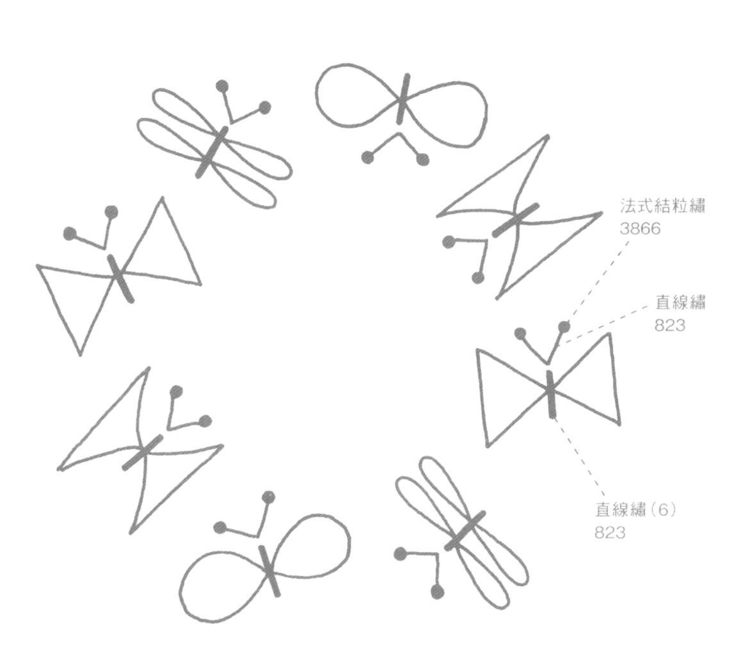

Butterfly and flower pattern
Page. 22

※除了特別指定之外，皆使用2股線。
※（）中的數字意指繡線股數，色號則皆對應DMC25號繡線。

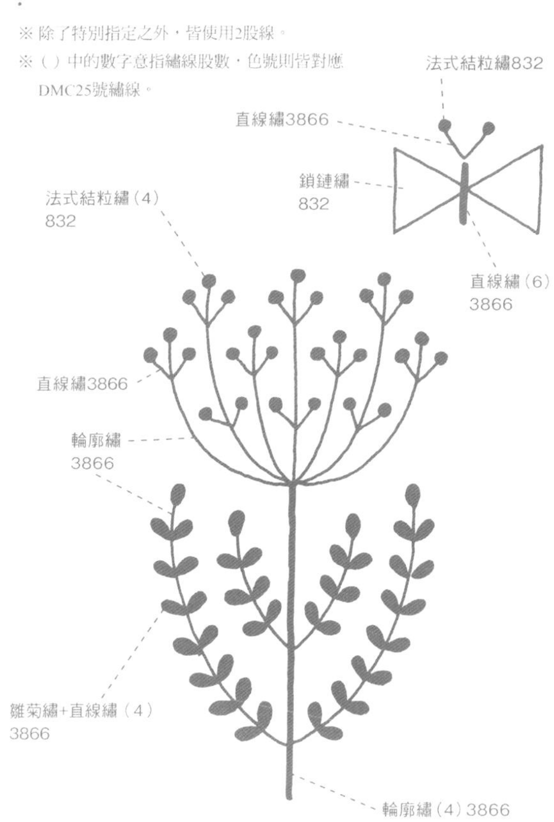

Vase and flower
Page. 6

※ 花瓶使用鎖鏈繡（2）3866。
※ 除了特別指定之外，皆使用6股線。
※（）中的數字意指繡線股數，色號則皆對應DMC25號繡線。

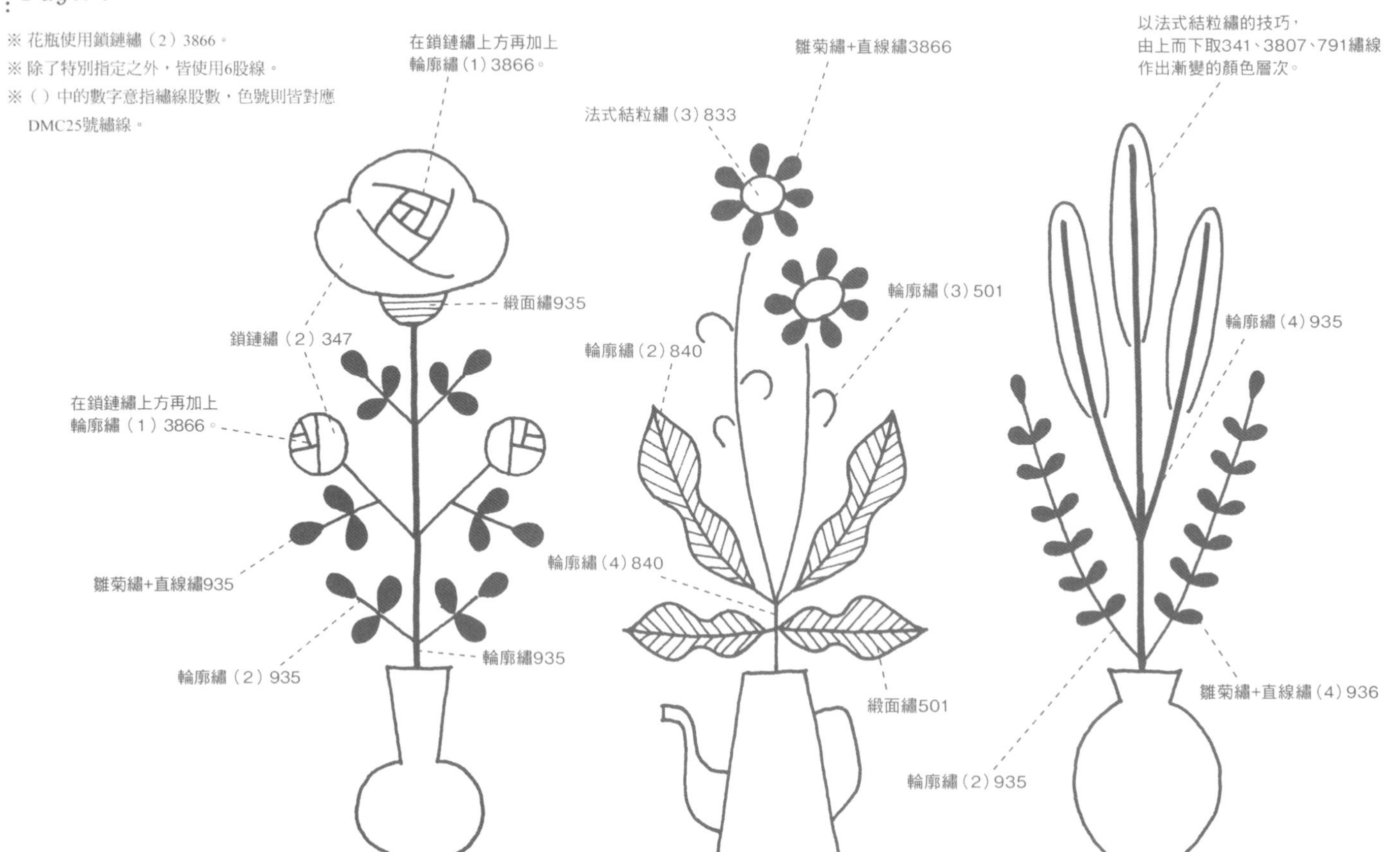

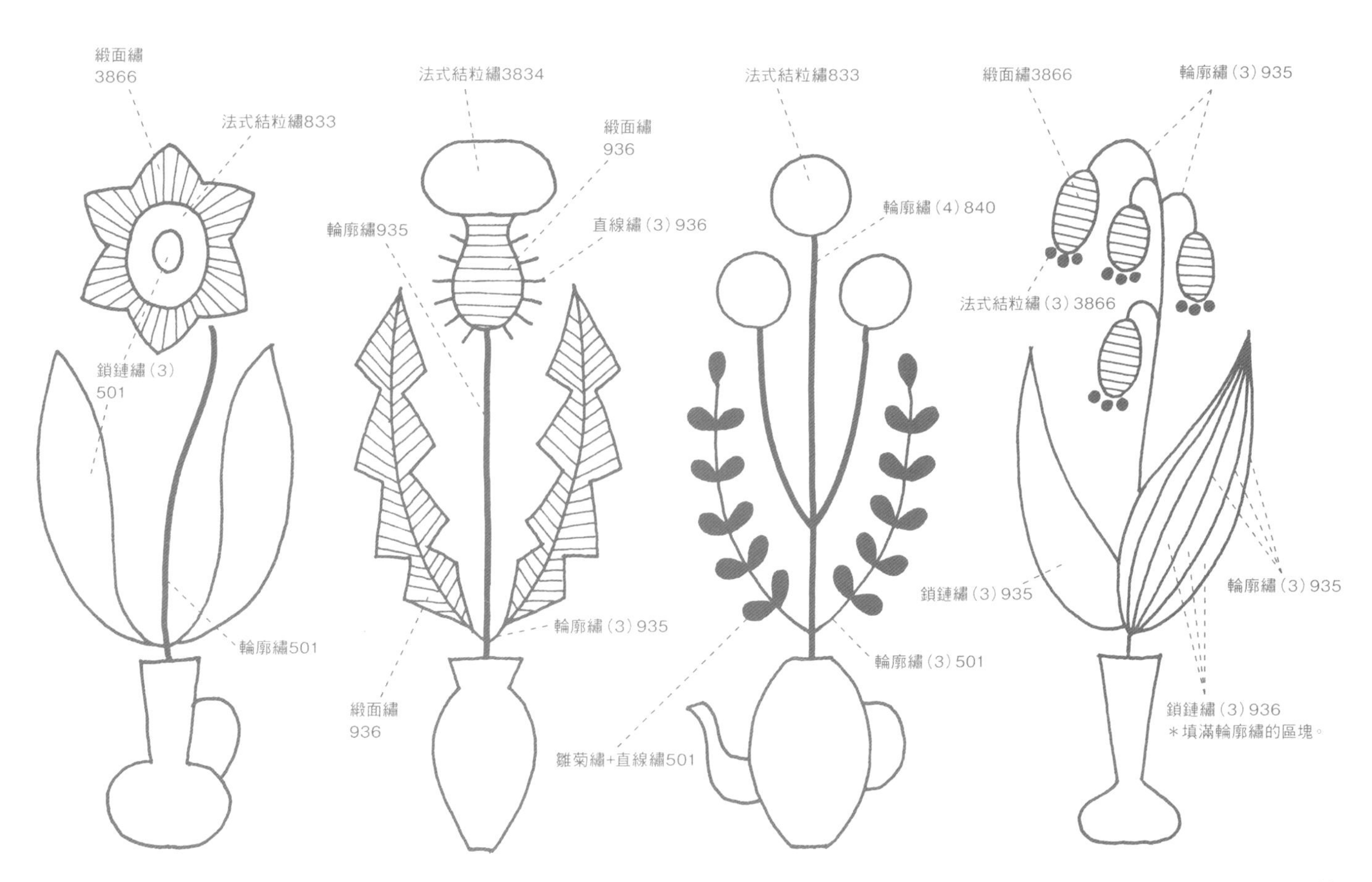
緞面繡
3866
法式結粒繡833
鎖鏈繡(3)
501
輪廓繡501
法式結粒繡3834
緞面繡
936
直線繡(3)936
輪廓繡935
輪廓繡(3)935
緞面繡
936
法式結粒繡833
輪廓繡(4)840
輪廓繡(3)501
雛菊繡+直線繡501
緞面繡3866
輪廓繡(3)935
法式結粒繡(3)3866
鎖鏈繡(3)935
輪廓繡(3)935
鎖鏈繡(3)936
*填滿輪廓繡的區塊。

Bird's feather

Page. 13

※ 羽管的粗線以輪廓繡（6），羽毛的細線以輪廓繡（2）進行刺繡。

※ 除了特別指定之外，皆為緞面繡（4）。

※（）中的數字意指繡線股數，色號則皆對應DMC25號繡線。

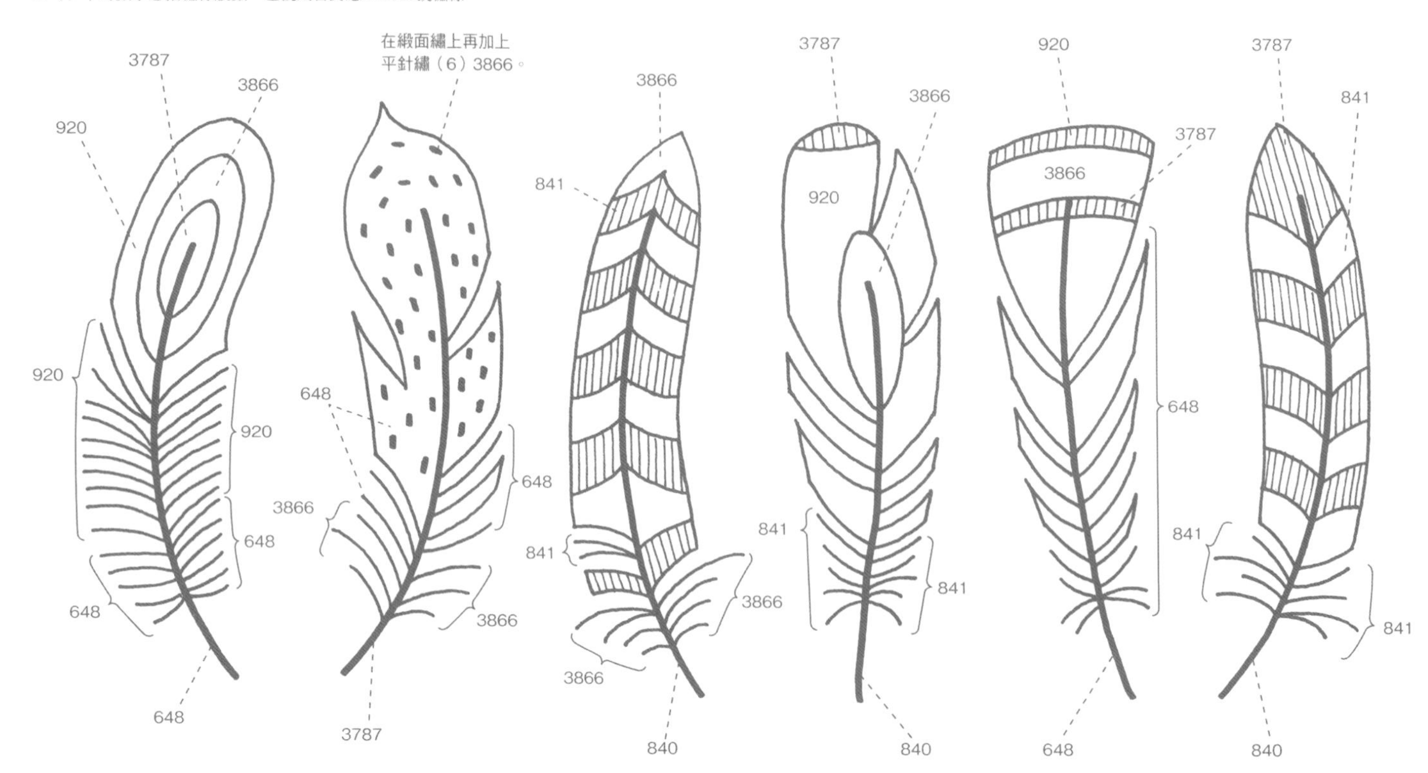

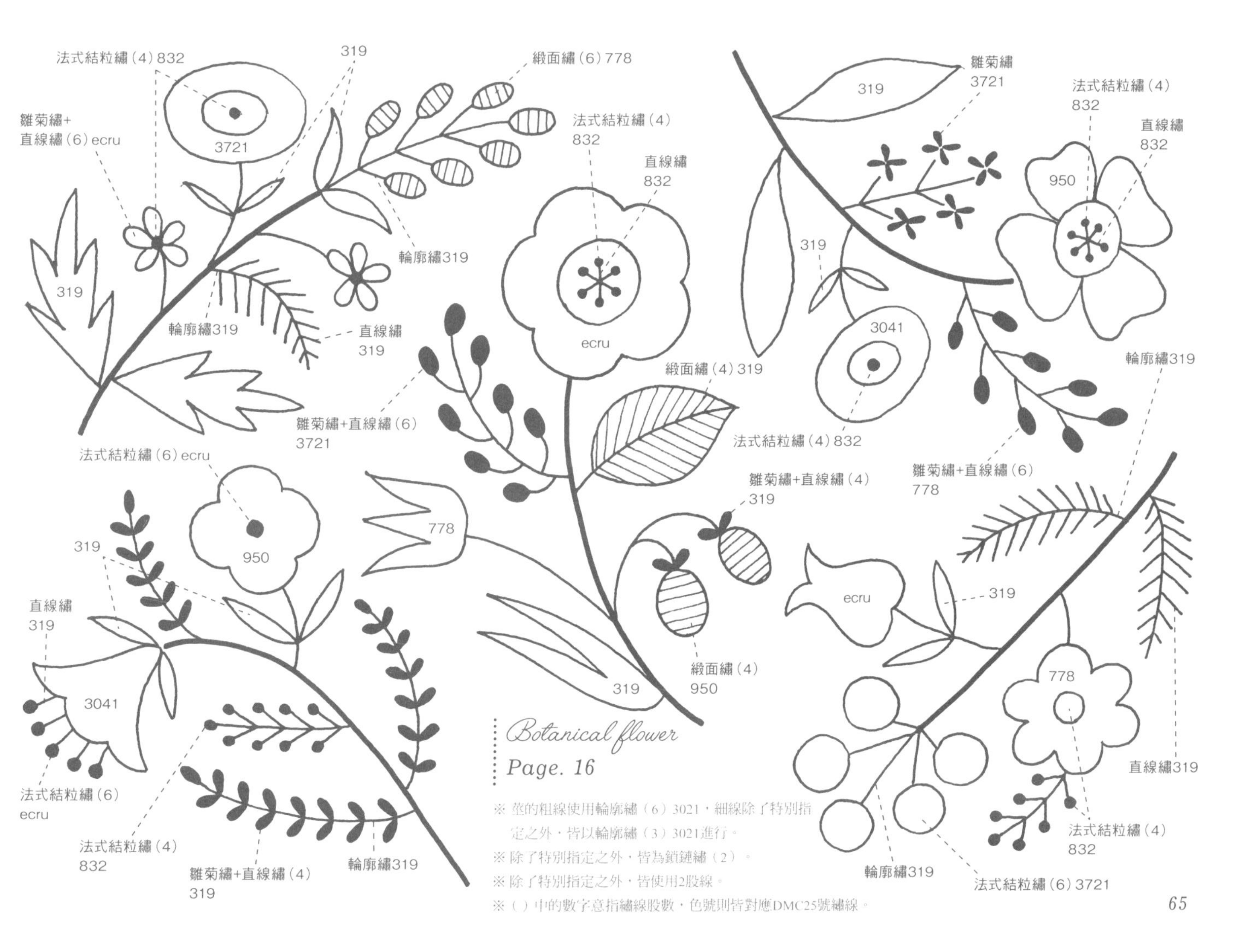

Botanical flower

Page. 16

※ 莖的粗線使用輪廓繡（6）3021，細線除了特別指定之外，皆以輪廓繡（3）3021進行。

※ 除了特別指定之外，皆為鎖鏈繡（2）。

※ 除了特別指定之外，皆使用2股線。

※（）中的數字意指繡線股數，色號則皆對應DMC25號繡線。

Flower scales
Page. 18

◎ DMC25號繡線—3777

※ 除了特別指定之外，皆為鎖鏈繡（2）。

※（）中的數字意指繡線股數。

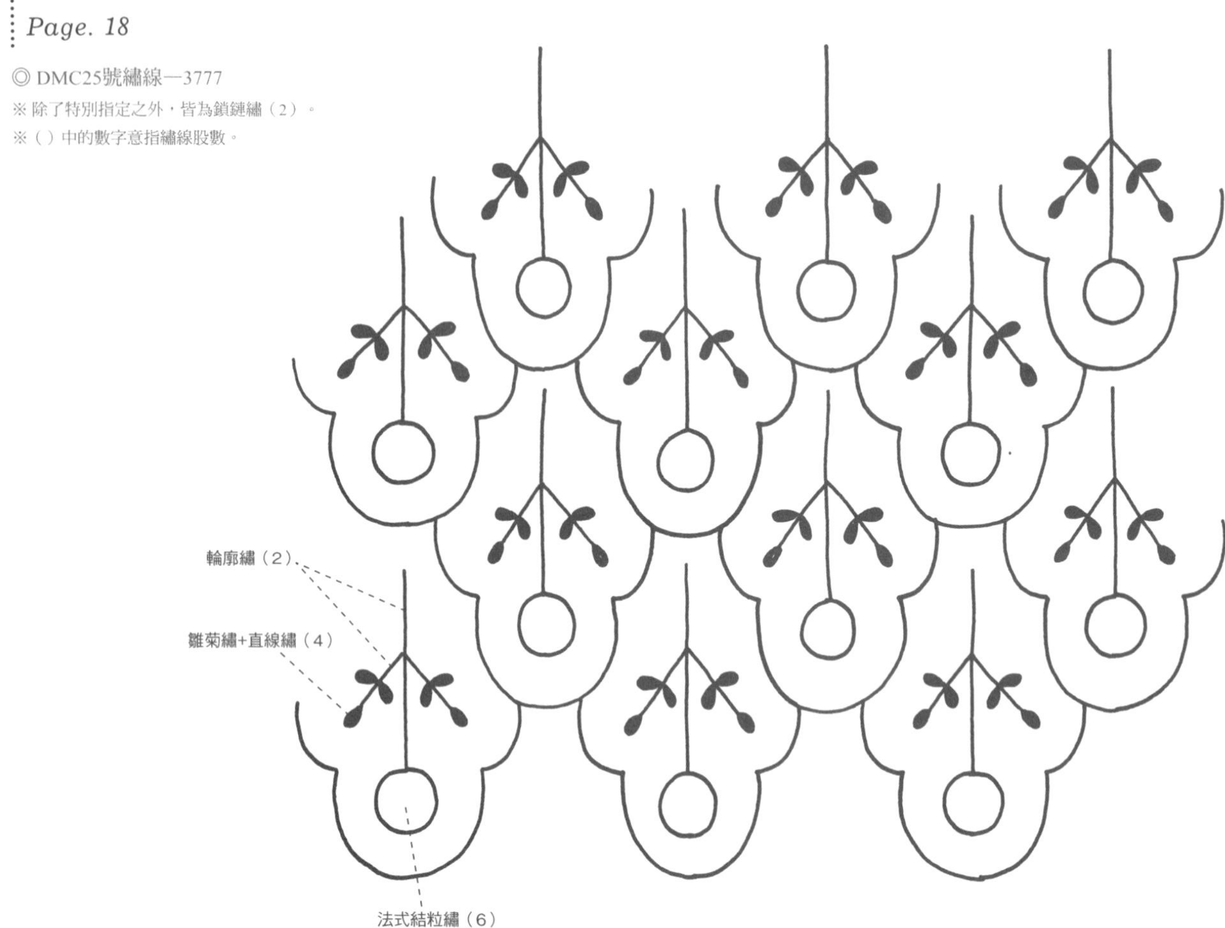

Flower bed

Page. 20

※ 圖案的斜線處以緞面繡（6）進行刺繡。

※ 除了特別指定之外，皆使用2股線。

※（）中的數字意指繡線股數，色號則皆對應DMC25號繡線。

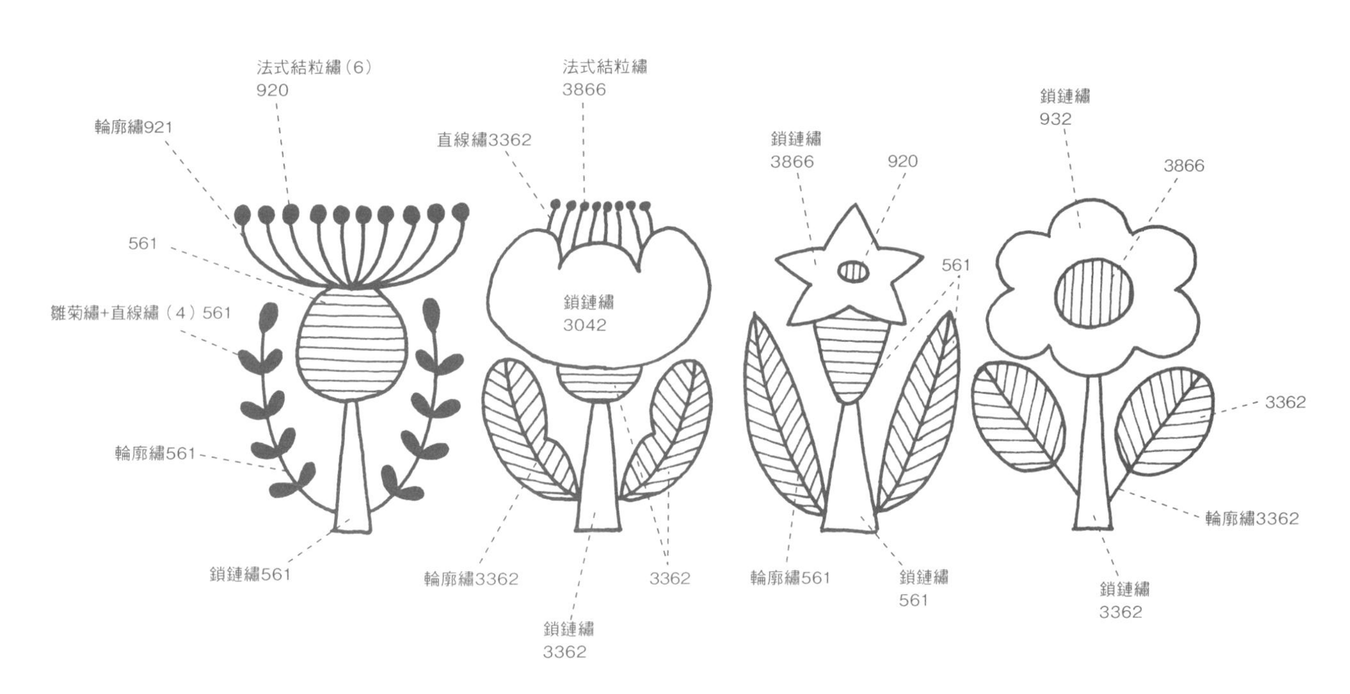

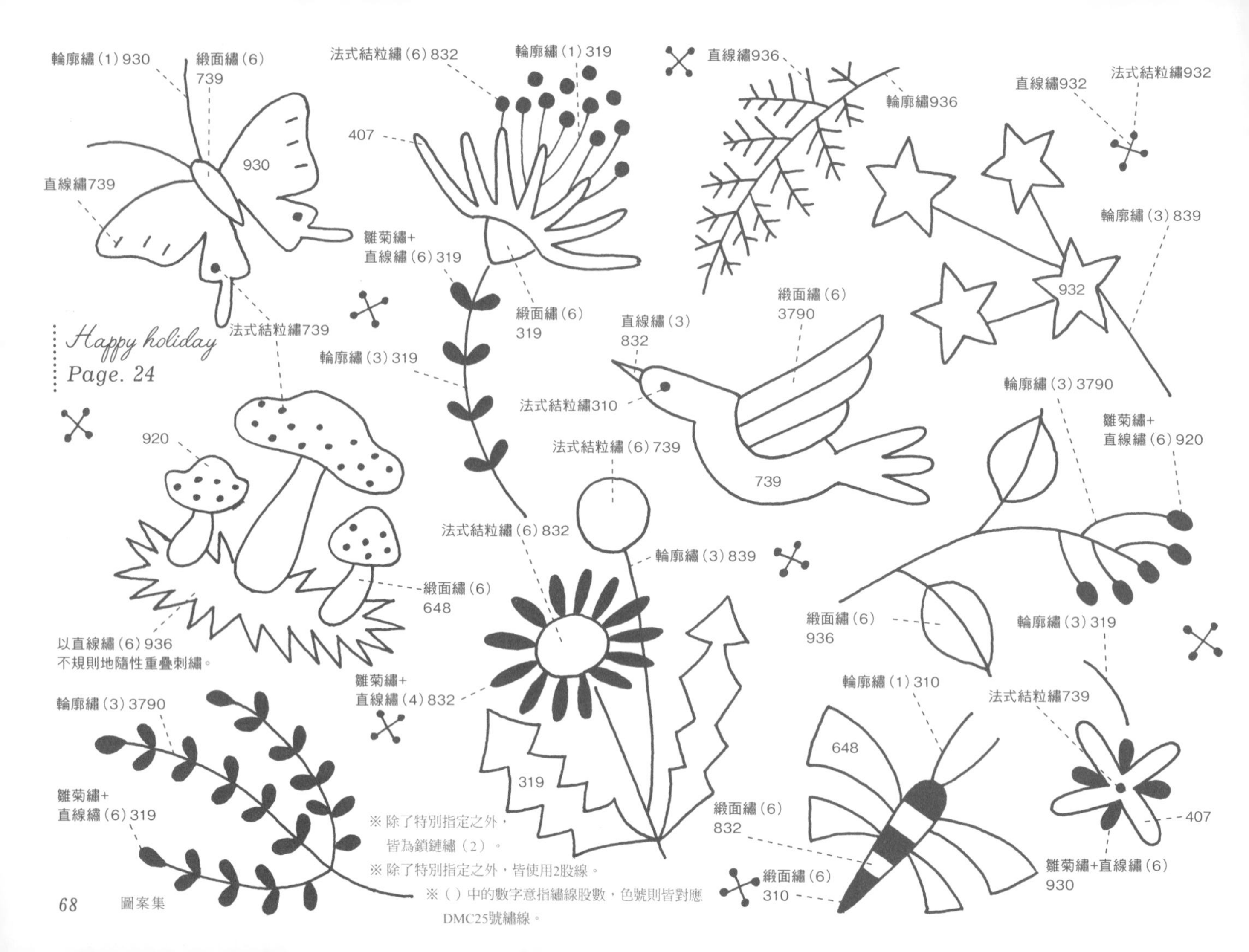

※ 除了特別指定之外，
皆為鎖鏈繡（2）。
※ 除了特別指定之外，皆使用2股線。
※（）中的數字意指繡線股數，色號則皆對應DMC25號繡線。

Lemon
Page. 26

※ 除了特別指定之外，皆使用2股線。
※（ ）中的數字意指繡線股數，色號則皆對應DMC25號繡線。

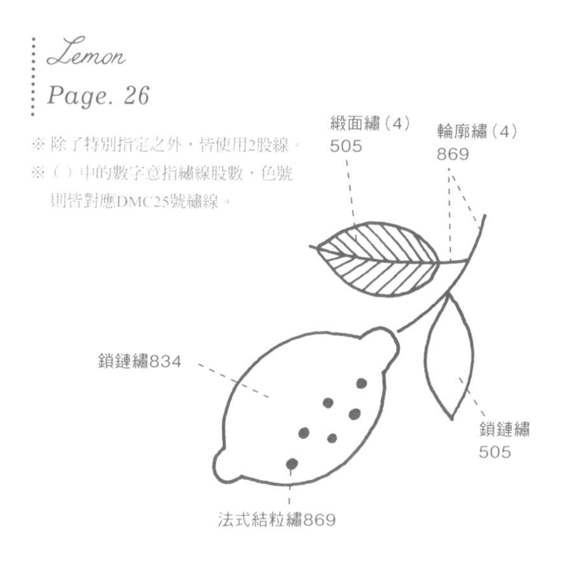

Beats
Page. 27

※ 全部皆使用2股線。
※ 色號則皆對應DMC25號繡線。

Cat
Page. 28

※ 除了特別指定之外，皆為鎖鏈繡（2）。
※ 除了特別指定之外，皆使用2股線。
※（ ）中的數字意指繡線股數，色號則皆對應DMC25號繡線。

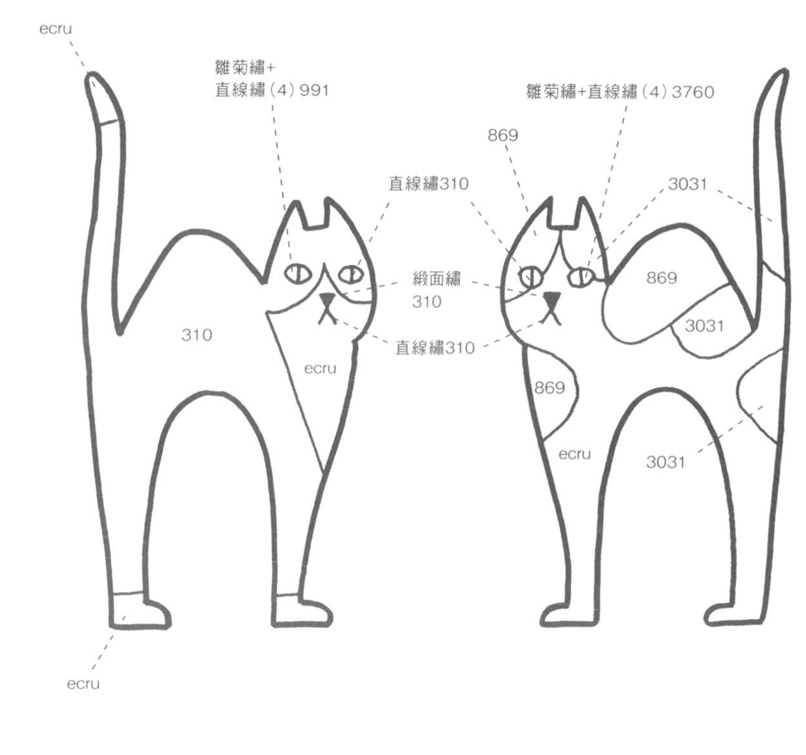

Boys and girls
Page. 30

※ 除了特別指定之外，皆為緞面繡（4）。

※ 手臂以直線繡（4）進行刺繡。

※ ( ) 中的數字意指繡線股數，色號則皆對應DMC25號繡線。

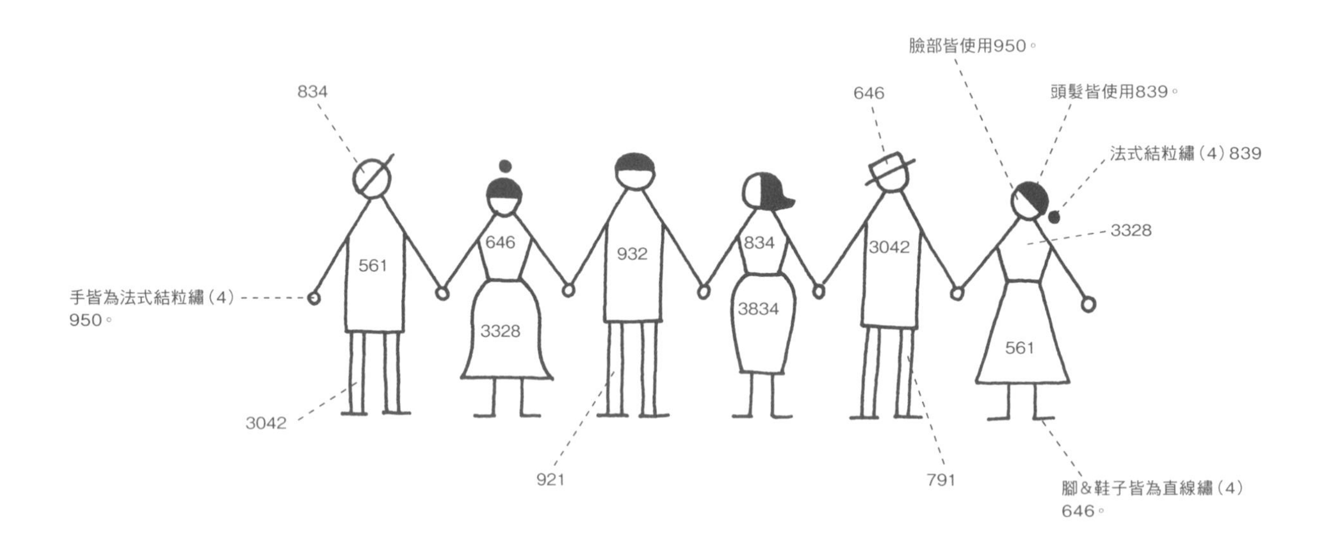

Spring steppe
Page. 32

※（ ）中的數字意指繡線股數，色號則皆對應DMC25號繡線。

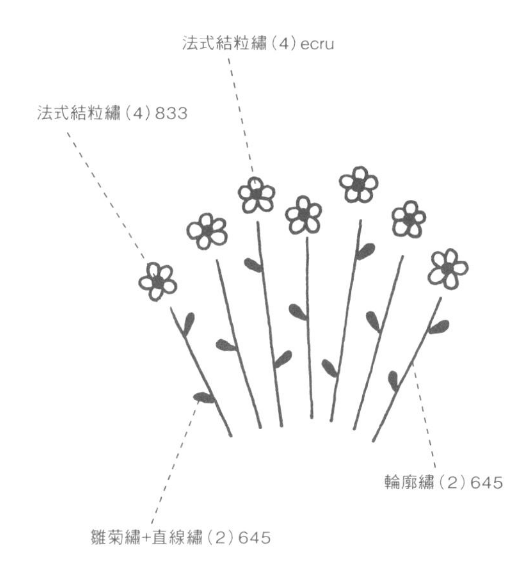

Flamingo
Page. 34

※ 全部皆使用2股線。

※ 色號則皆對應DMC25號繡線。

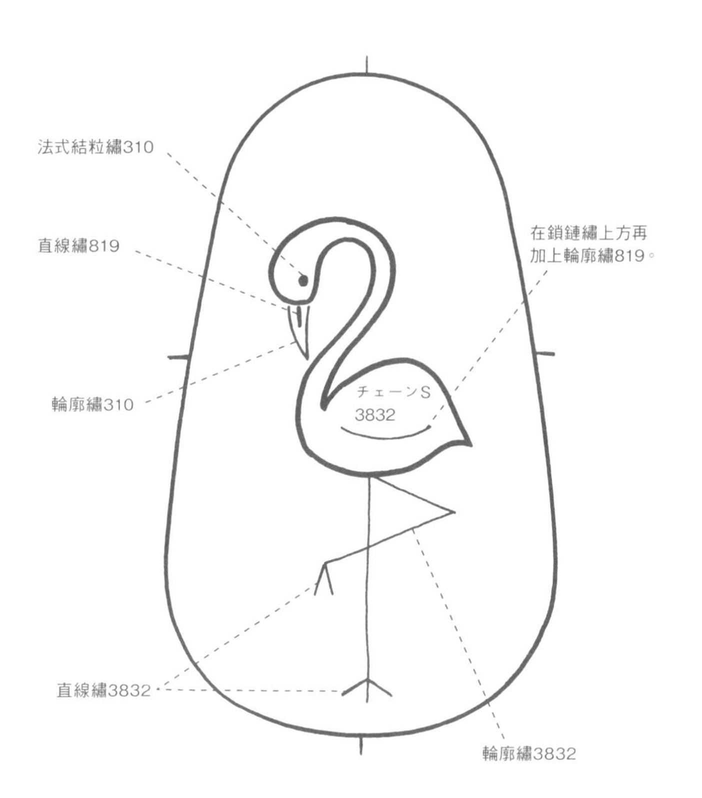

Violet and dandelion

Page. 36

※ 圖案的斜線處皆以緞面繡（6）進行刺繡。

※ 除了特別指定之外，皆使用6股線。

※（）中的數字意指繡線股數，色號則皆對應DMC25號繡線。

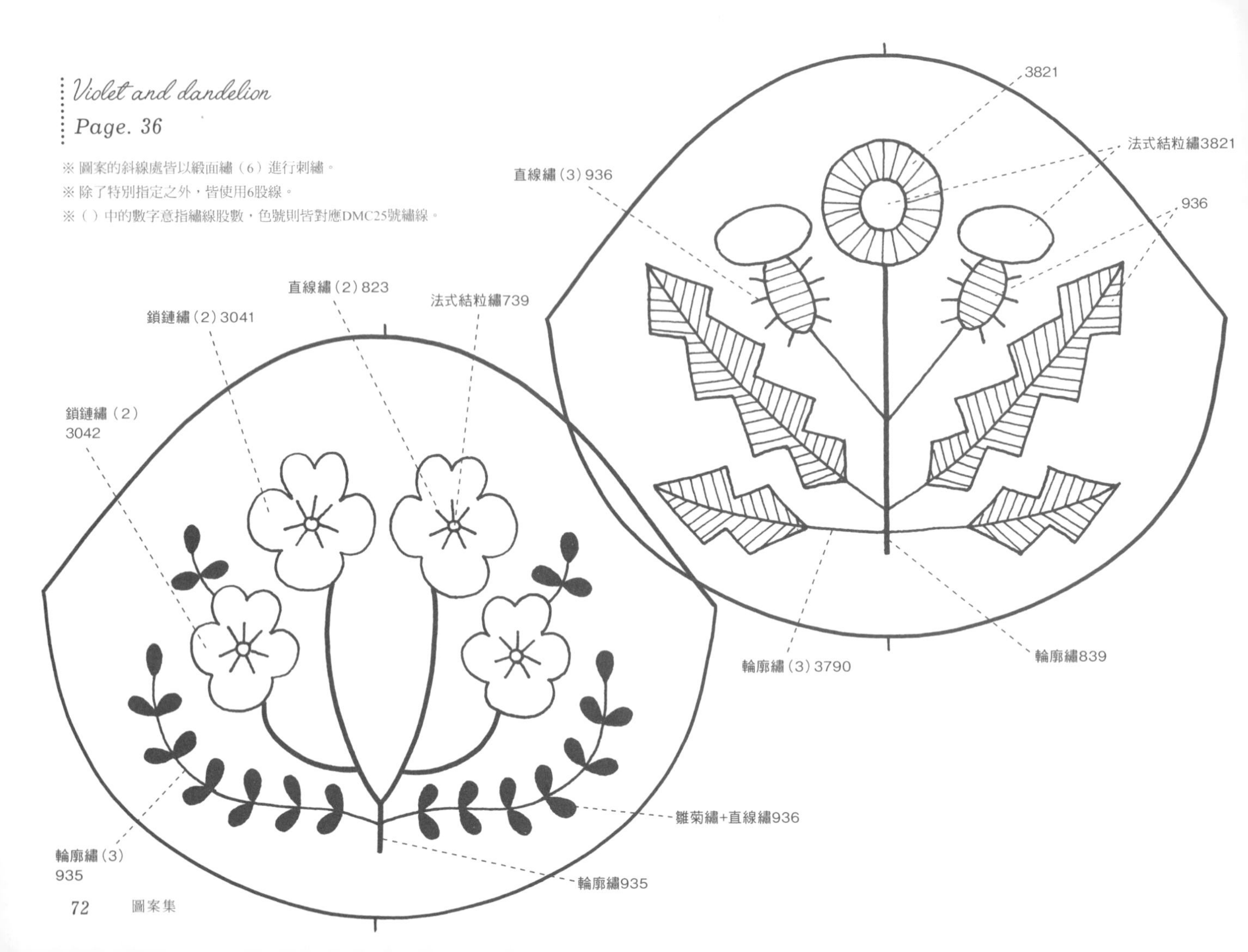

Bird

Page. 38

※ 圖案的斜線處皆以緞面繡（4）進行刺繡。
※ 除了特別指定之外，莖皆以輪廓繡（2）進行刺繡。
※ 除了特別指定之外，皆使用4股線。
※（）中的數字意指繡線股數，色號則皆對應DMC25號繡線。

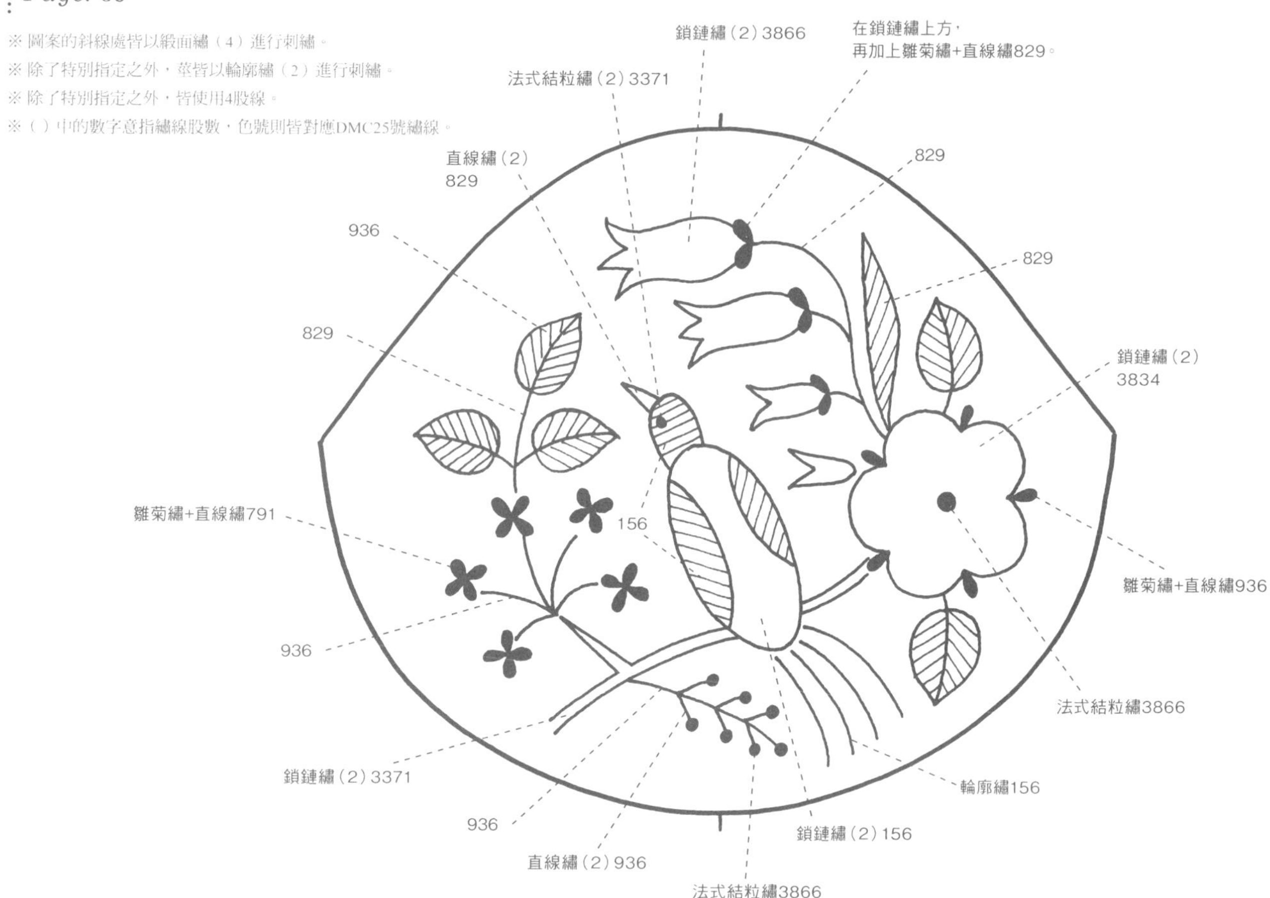

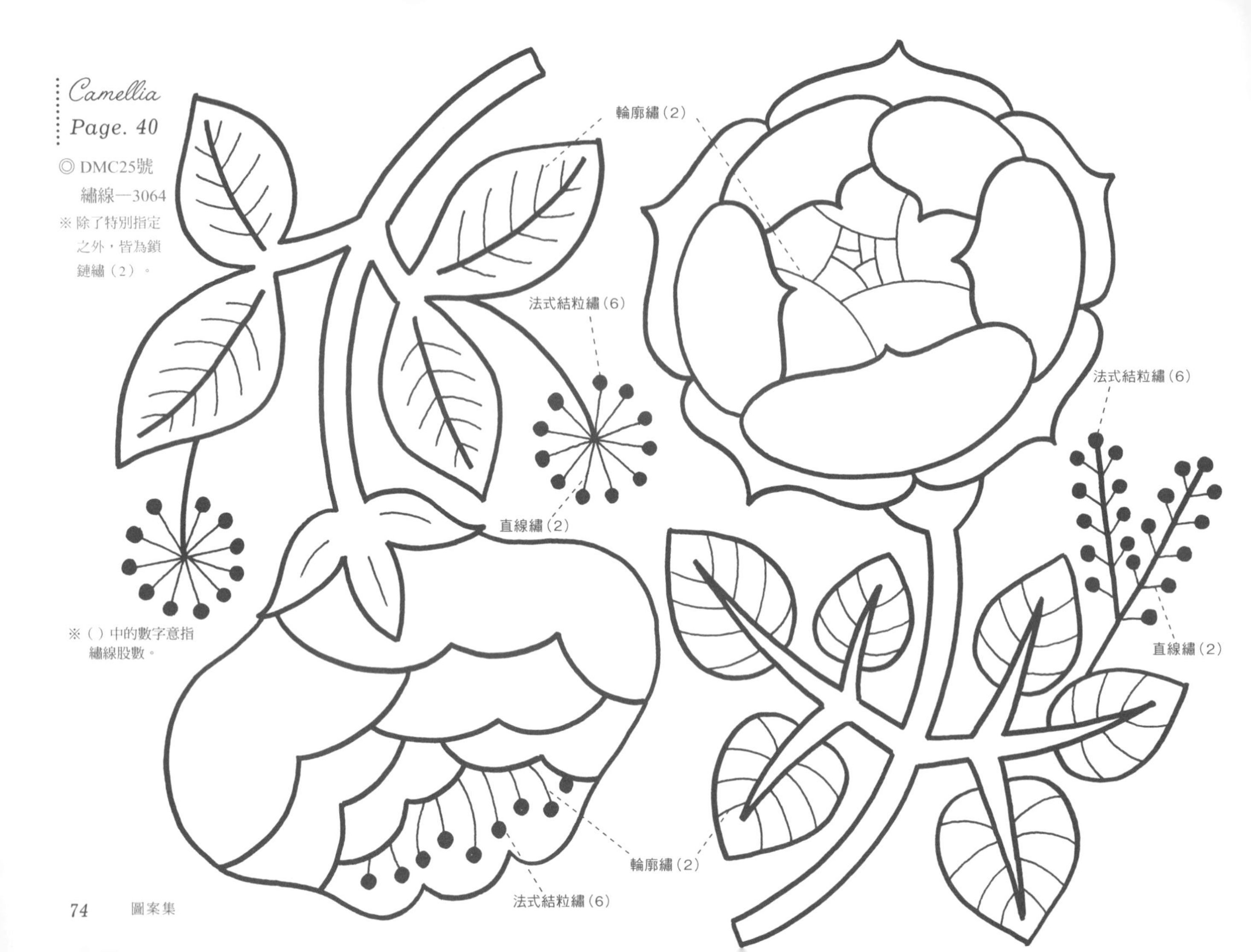
Camellia
Page. 40
◎ DMC25號
繡線—3064
※ 除了特別指定
之外，皆為鎖
鏈繡（2）。
輪廓繡(2)
法式結粒繡(6)
直線繡(2)
法式結粒繡(6)
直線繡(2)
※（）中的數字意指
繡線股數。
輪廓繡(2)
法式結粒繡(6)

Satin flower
Page. 42

※除了特別指定之外，皆為緞面繡（6）。

※（）中的數字意指繡線股數，色號則皆對應DMC25號繡線。

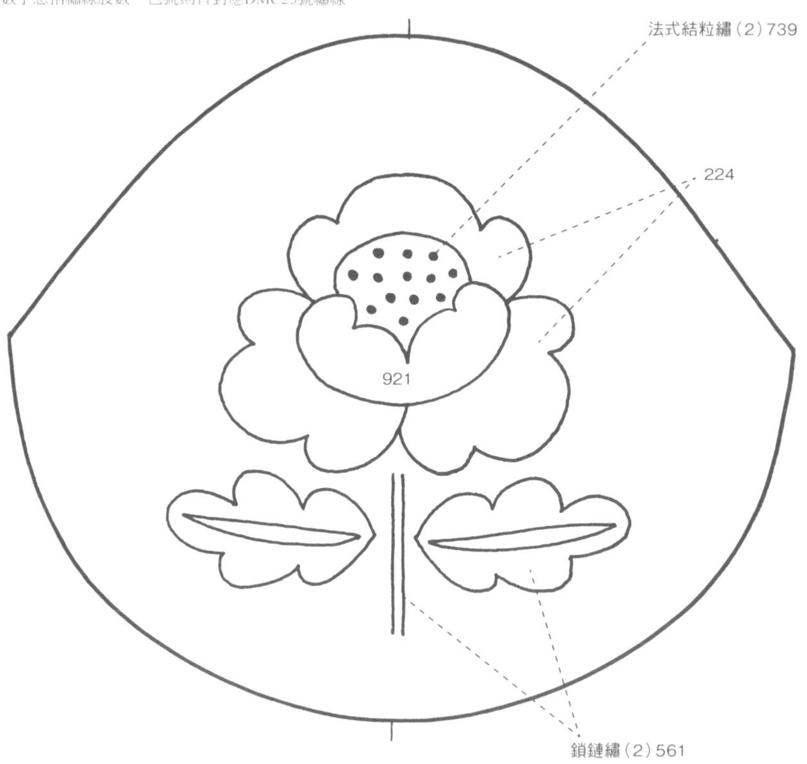

Water flower
Page. 44

◎ DMC25號繡線—3866

※ 圖案的斜線處皆以緞面繡（6）進行刺繡。

※ 除了特別指定之外，皆為輪廓繡（3）。

※ 除了特別指定之外，皆使用3股線。

※（ ）中的數字意指繡線股數。

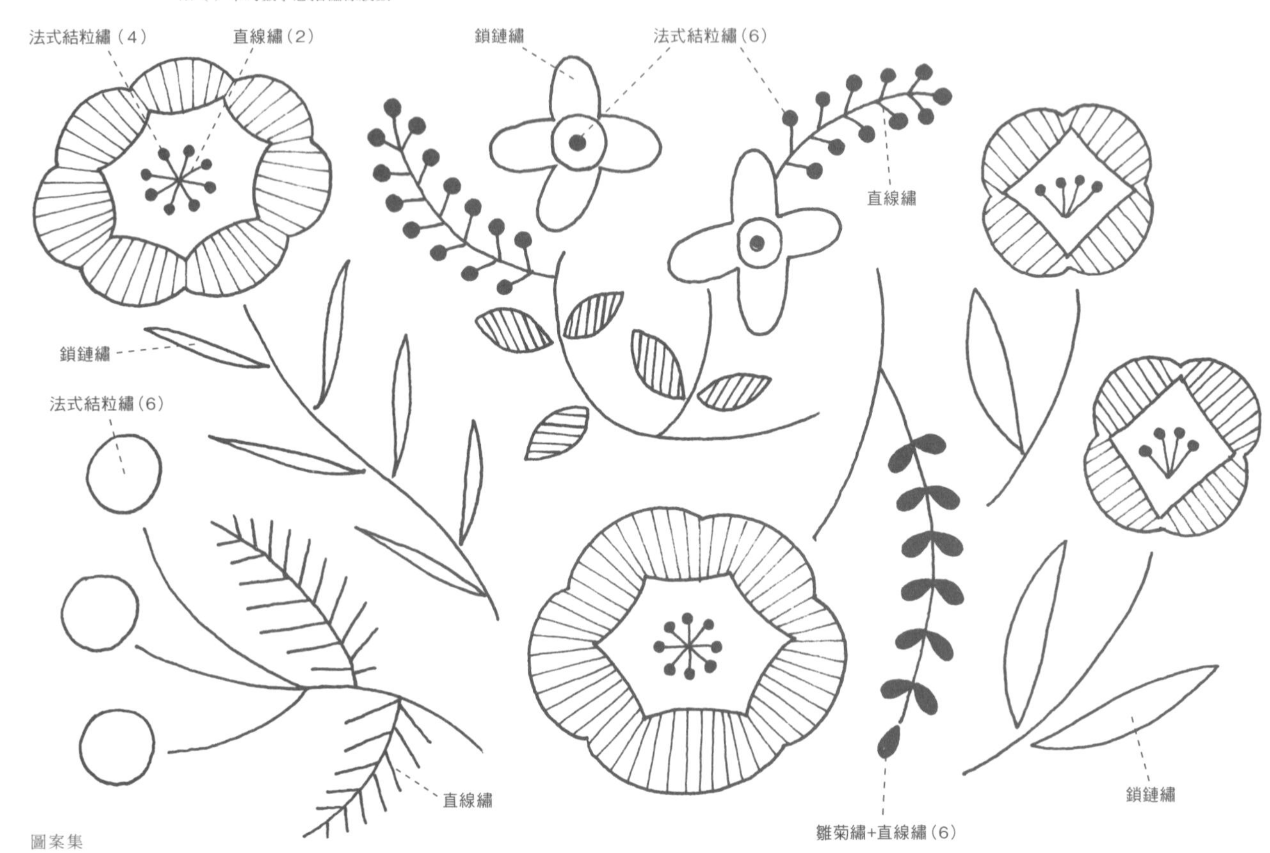

Flower bud

Page. 46

◎ DMC25號繡線—832

※ 除了特別指定之外，皆為鎖鏈繡（2）。

※ 除了特別指定之外，皆使用2股線。

※（）中的數字意指繡線股數。

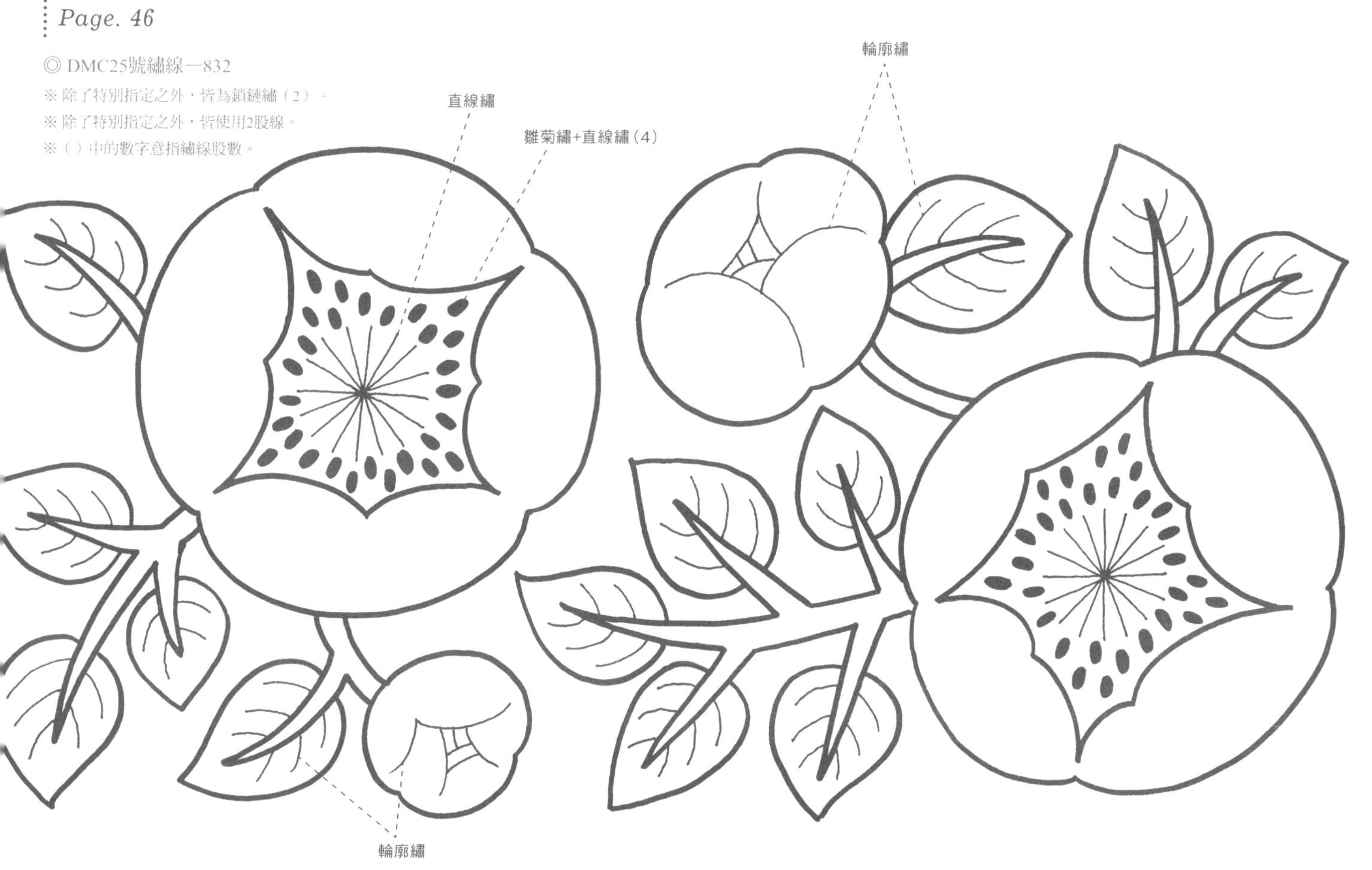

Gamaguchi No. 1

洋梨形迷你口金

花_ *page. 8*／紙型　*page.90*
鳥の羽毛_ *page. 15*／紙型　*page.93*
紅鶴_ *page. 35*／紙型　*page.71*

【完成尺寸】

約5×8cm

【材料】

「花」

表布：亞麻 —20×15cm
裡布：亞麻（米白色）—20×15cm
DMC25號繡線—參見P.62圖案
口金（F1／3.6cm深圓／金色）—1個
流蘇：A.F.E麻繡線308（青色）、301（水藍色）、415（黑色）、144（紫色）、540（檸檬黃）、601（淺粉紅）、215（綠色）—各1束
小豆型鏈條（線徑0.35mm／金色）—70cm
C圈（0.5×2.3mm／金色）—1個

「鳥の羽毛」

表布：亞麻（奶油色）—20×15cm
裡布：亞麻（駝色）—20×15cm
DMC25號繡線—參見P.64圖案
口金（F1／3.6cm深圓／黃銅鍍金）—1個
流蘇：A.F.E麻繡線902（駝色）—1束
珠鏈（1.5mm／附單邊接頭／古銅金）—12cm

「紅鶴」

表布：亞麻（淺粉紅）—20×15cm
裡布：亞麻（白色）—20×15cm
DMC25號繡線—參見P.71圖案
口金（F1／3.6cm深圓／金色）—1個
流蘇：A.F.E.麻繡線415（黑色）—1束

【作法】

＊口金包的作法參見p.56。

1

在表布正面複寫出口金包的紙型輪廓＆刺繡圖案後，以疏縫線等較粗的縫線，沿著口金包紙型輪廓以平針縫疏縫記號線，並依圖案進行刺繡。

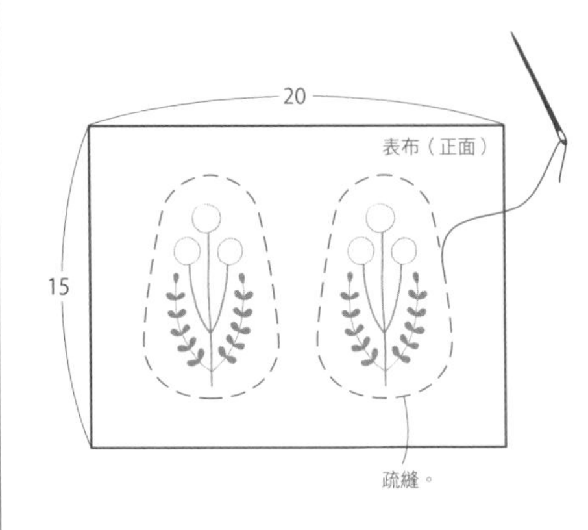

2

在表布上輕輕噴水去除記號筆的印記後，以熨斗進行整燙。

3

將表布＆裡布正面相對疊合，並以珠針固定。以縫紉機沿著步驟*1*疏縫線內側進行車縫，並預留3cm左右的返口。

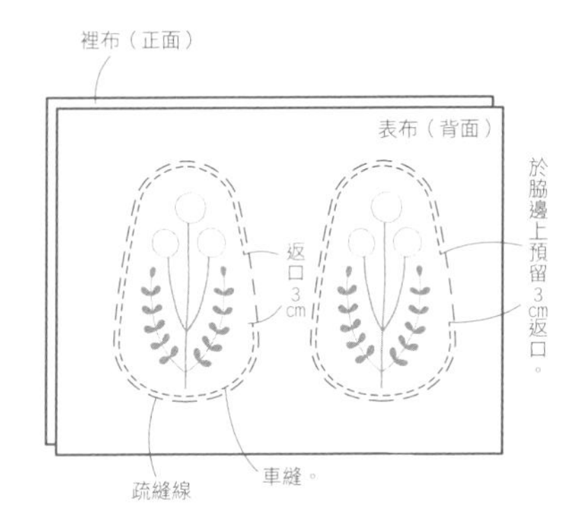

4

去除疏縫線後，預留0.5cm縫份＆裁下兩片主體布，並在曲線處的縫份上剪牙口。

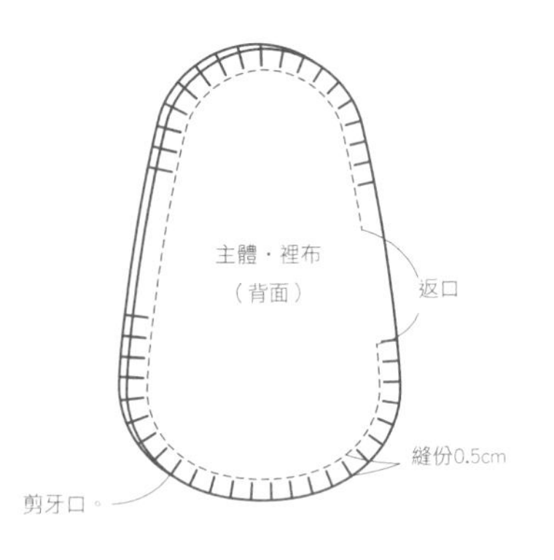

5

從返口處翻回正面，以熨斗整燙形狀＆縫合返口。

6

兩片主體布正面相對疊合＆以珠針固定後，取與表布同色的線以捲針縫縫合脇邊＆底部。此時應以細針目僅挑縫表布的方式進行縫合（p.57步驟*6*）。

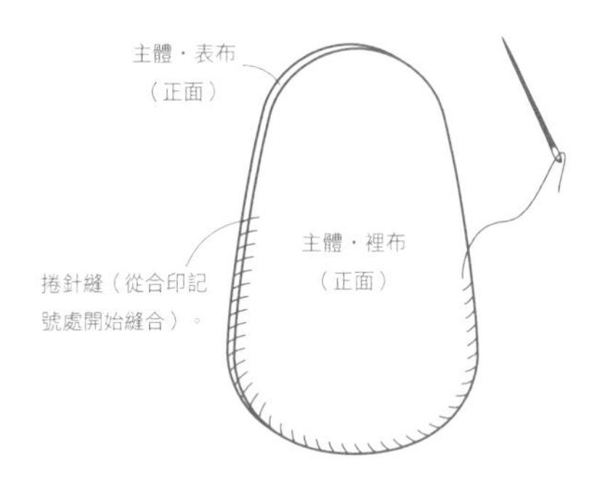

7

主體翻回正面＆整理形狀後，將袋口裝接上口金。

8

製作流蘇（p.59），並將鏈條等配件接連於口金上。將鏈條穿過口金後，建議以C圈接連較為便利。

Gamaguchi No.2

方形迷你口金

蝴蝶_ *page. 11*／紙型　*page.92*
春天の草原_ *page. 33*／紙型　*page.92*

【完成尺寸】

約4×4cm

【材料】

「蝴蝶」
表布：亞麻（海軍藍）—15×10cm
裡布：亞麻（米白色）—15×10cm
DMC25號繡線：3866（白色）、817（紅色）
口金（F16／4cm方圓／金色）—1個
單圈蘇格蘭別針（6cm／金色）—1個
C圈（1.4×8mm／金色）—1個

「春天の草原」
表布：亞麻（灰色）—15×10cm
裡布：亞麻（黃色）—15×10cm
DMC25號繡線：ecru（白色）、833（黃色）、645（灰色）
口金（F16／4cm方圓／鎳色）—1個
珠鏈（1.5mm／附單邊接頭／深銀色）—12cm

【作法】

＊口金包的作法參見p.56。

1

在表布正面複寫出口金包的紙型輪廓＆刺繡圖案後，以疏縫線等較粗的縫線，沿著口金包紙型輪廓以平針縫疏縫記號線，並依圖案進行刺繡。

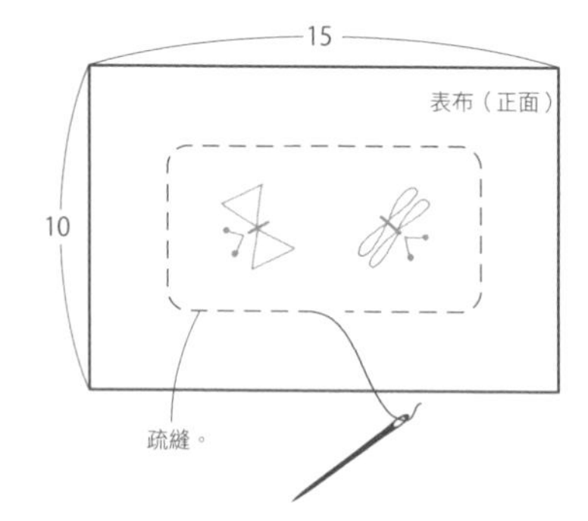

2

在表布上輕輕噴水去除記號筆的印記後，以熨斗進行整燙。

3

將表布＆裡布正面相對疊合，並以珠針固定。以縫紉機沿著步驟*1*疏縫線內側進行車縫，並預留3cm左右的返口。

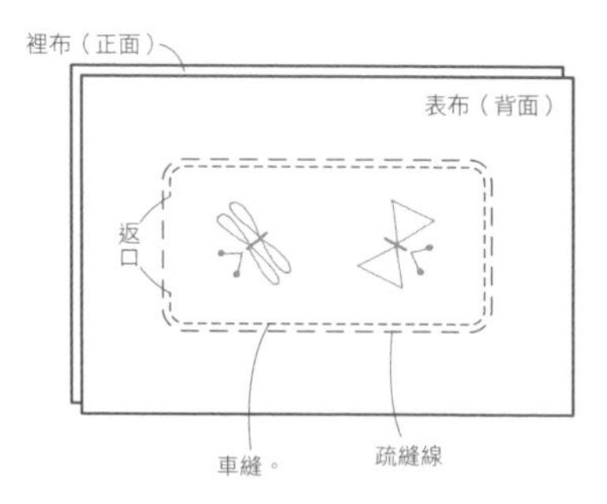

4

去除疏縫線後，預留0.5cm縫份＆裁下主體布，並在曲線處的縫份上剪牙口（p.57 *Point*）。

5

從返口處翻回正面，以熨斗整燙形狀＆在返口處壓線車縫。

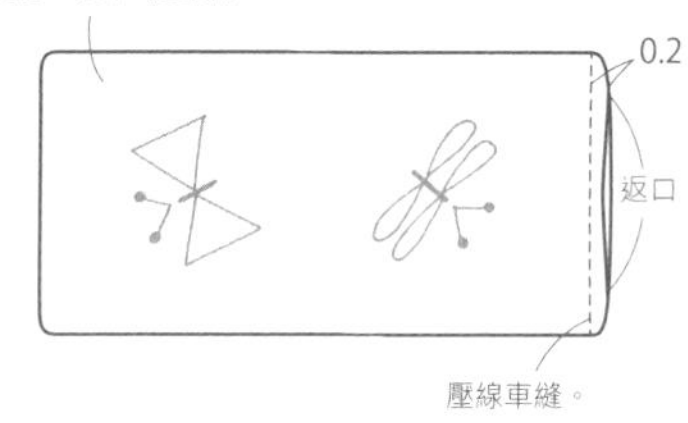

6

主體裡布相對對摺，將袋口裝接上口金。

7

將蘇格蘭別針或鏈條接連於口金上。蘇格蘭別針建議以C圈接連較容易。

Gamaguchi No.3

卡片夾

貓_ *page. 29*／紙型　*page.94*

男生&女生_ *page. 31*／紙型　*page.95*

【完成尺寸】

約10.5×7cm

【材料】

「貓」

表布：亞麻（藍綠色）─15×25cm

裡布：亞麻（灰色）─15×25cm

DMC25號繡線：646（灰色）、310（黑色）、782（黃色）

口金（F22／10.5cm方圓／黃銅鍍金）─1個

「男生&女生」

表布：亞麻（灰色）─15×25cm

裡布：亞麻（粉紅色）─15×25cm

DMC25號繡線─參見p.70圖案

口金（F22／10.5cm方圓／黑色）1個

【作法】

＊口金包的作法參見p.56。

1

在表布正面複寫出口金包的紙型輪廓＆刺繡圖案後，以疏縫線等較粗的縫線，沿著口金包紙型輪廓以平針縫疏縫記號線，並依圖案進行刺繡。

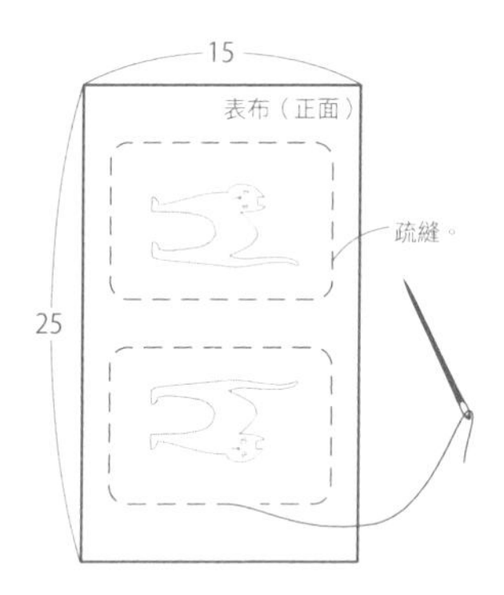

2

在表布上輕輕噴水去除記號筆的印記後，以熨斗進行整燙。

3

將表布＆裡布正面相對疊合，並以珠針固定。以縫紉機沿著步驟*1*疏縫線內側進行車縫，並預留3cm左右的返口。

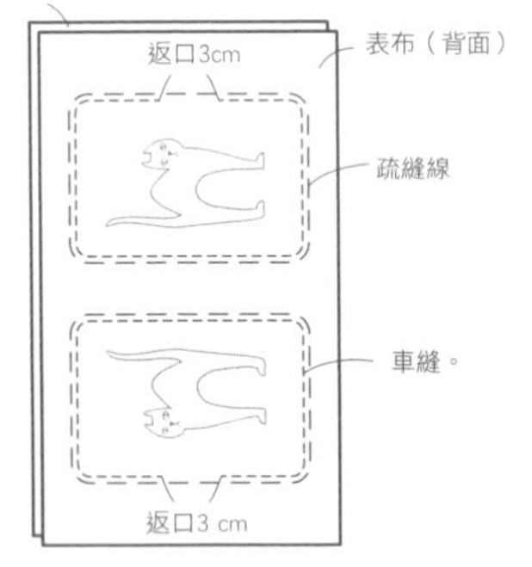

4

去除疏縫線後，預留0.5cm縫份＆裁下兩片主體布，並在轉角曲線處的縫份上剪牙口（p.57 *Point*）。

5

從返口處翻回正面，以熨斗整燙形狀，並在距離返口處上緣0.2cm處進行壓線車縫。

6

兩片主體布正面相對疊合＆以珠針固定後，取與表布同色的線以捲針縫縫合脇邊＆底部。此時應以細針目僅挑縫表布的方式進行縫合（p.57步驟*6*）。

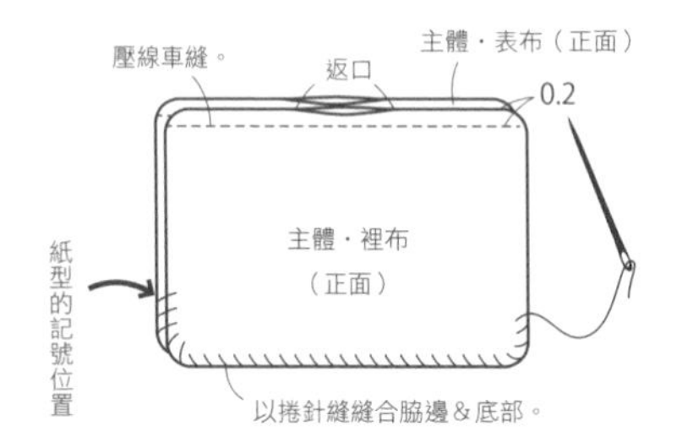

7

主體翻回正面＆整理形狀後，將袋口裝接上口金。

Gamaguchi No.4

筆袋／手拿包

花瓶_ *page. 9*／紙型　附錄A面
花壇_ *page. 21*／紙型　附錄A面
花苞_ *page. 47*／紙型　附錄A面

【完成尺寸】

筆袋　約21×7cm
手拿包　約21×11cm

【材料】

「花瓶」
表布：亞麻（深綠色）—25×20cm
裡布：亞麻（藤色）—25×20cm
DMC25號繡線：3866（白色）
口金（F67／21cm扇子用／金色）—1個
毛線球：appletons羊毛線294（綠色）—1束

「花壇」

表布：亞麻（黑色）—25×20cm

裡布：亞麻（水藍色）—25×20cm

DMC25號繡線—參見p.67圖案

口金（F67／21cm扇子用／金色）—1個

毛線球：appletons羊毛線993（黑色）—1束

「花苞」

表布：亞麻（黃色）—25×30cm

裡布：亞麻（灰色）—25×30cm

DMC25號繡線：ecru（白色）—2束

口金（F67／21cm扇子用／金色）—1個

喜愛的提把或小掛飾—1個

【作法】

＊口金的作法參見p.81，*gamaguchi No.3*。

＊毛線球的作法參見p.60，並打結固定於口金上。

Gamaguchi No.5

圓形波奇包

紫羅蘭＆蒲公英_ *page. 37*／紙型 *page.72*

鳥_ *page. 39*／紙型 *page.73*

緞面繡花_ *page. 43*／紙型 *page.75*

【完成尺寸】

約9×9cm

【材料】

「紫羅蘭＆蒲公英」

表布：亞麻（黃色／紫色）—15×25cm

裡布：亞麻（紫色／米白色）—15×25cm

DMC25號繡線—參見p.72圖案

口金（F76／7.5cm圓形／金色）—1個

流蘇：A.F.E.麻繡線542（黃色）／144（紫色）—1束

「鳥」

表布：亞麻（駝色）—15×25cm

裡布：亞麻（草綠色）—15×25cm

DMC25號繡線—參見p.73圖案

口金（F76／7.5cm圓形／金色）—1個

毛線球：appletons羊毛線986（茶色）—1束

「緞面繡花」

表布：亞麻（紅色）—15×25cm

裡布：亞麻（海軍藍）—15×25cm

DMC25號繡線—參見p.75圖案

口金（F76／7.5cm圓形／金色）—1個

毛線球：appletons羊毛線722（紅色）—1束

【作法】

＊口金包的作法參見p.56。

1

在表布正面複寫出口金包的紙型輪廓＆刺繡圖案後，以疏縫線等較粗的縫線，沿著口金包紙型輪廓以平針縫疏縫製記號線，並依圖案進行刺繡。

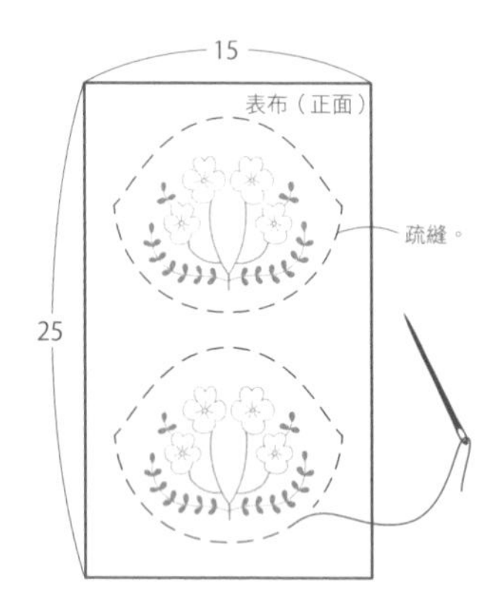

2

在表布上輕輕噴水去除記號筆的印記後，以熨斗進行整燙。

3

將表布＆裡布正面相對疊合，並以珠針固定。以縫紉機沿著步驟*1*疏縫線內側進行車縫，並預留3cm左右的返口。

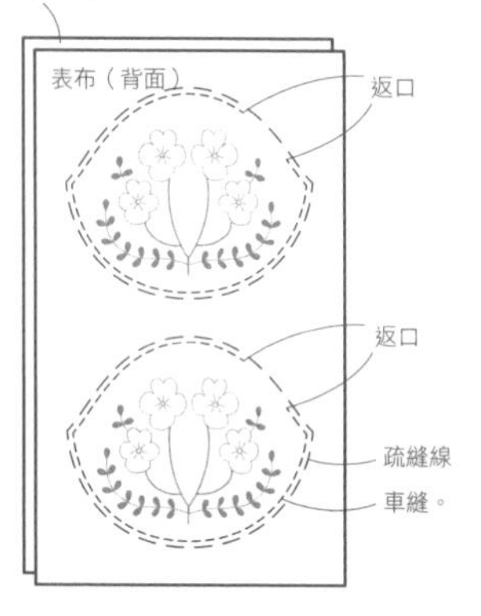

4

去除疏縫線後，預留0.5cm縫份＆裁下兩片主體布，並在曲線處的縫份上剪牙口。（p.57 *Point*）。

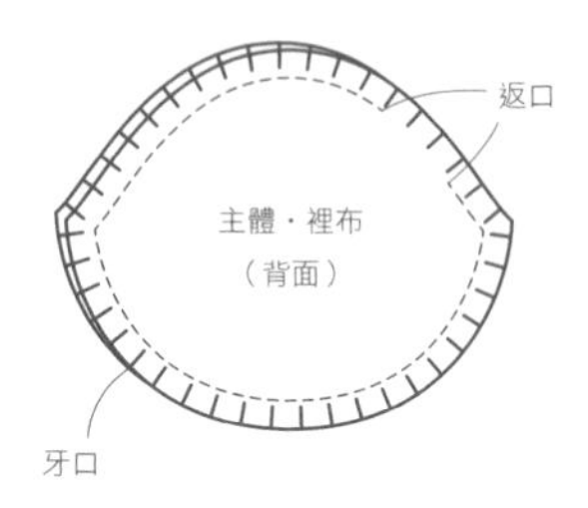

5

從返口處翻回正面＆以熨斗整燙形狀後，兩端預留1.5cm，在返口處上緣沿邊壓線車縫。

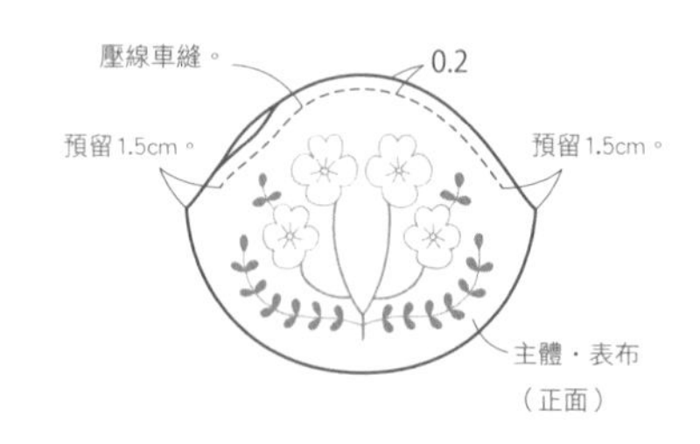

6

兩片主體布正面相對疊合＆以珠針固定後，取與表布同色的線以捲針縫縫合脇邊＆底部。此時以細針目僅挑縫表布的方式進行縫合（p.57步驟6）。

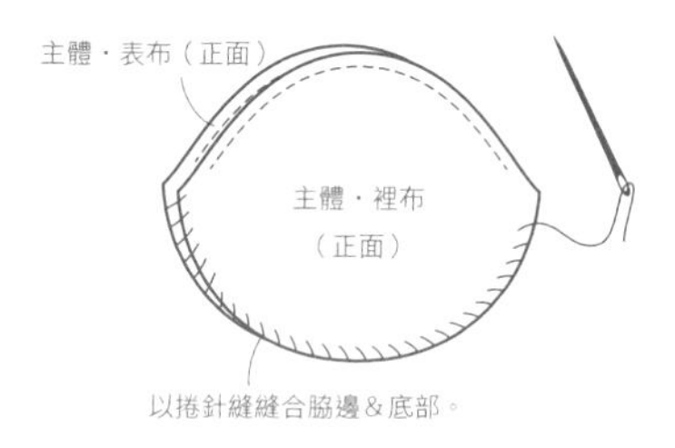

7

主體翻回正面＆整理形狀後，將袋口裝接上口金。

8

製作流蘇或毛線球（p.59至p.60），並接連於口金上。

Gamaguchi No.6

橢圓形波奇包

蝴蝶_ *page. 10*／紙型　附錄 A面

檸檬_ *page. 26*／紙型　附錄 A面

紫色蕪菁_ *page. 27*／紙型　附錄 A面

紅鶴_ *page. 35*／紙型　附錄 A面

【完成尺寸】

約16×10cm

【材料】

「蝴蝶」

表布：亞麻（灰色）—25×30cm

裡布：亞麻（紅色）—25×30cm

DMC25號繡線：823（海軍藍）、817（紅色）、3866（白色）

口金（F204／13.2cm櫛形／石紋金色）—1個

「檸檬」

表布：亞麻（藍色）—25×30cm

裡布：亞麻（綠色）—25×30cm

DMC25號繡線：參見P.69圖案

口金（F204／13.2cm櫛形／石紋金色）—1個

「紫色蕪菁」

表布：亞麻（薄荷）—25×30cm

裡布：亞麻（草綠色）—25×30cm

DMC25號繡線—參見p.69圖案

口金（F204／13.2cm櫛形／石紋金色）—1個

「紅鶴」

表布：亞麻（淺粉紅）—25×30cm

裡布：亞麻（白色）—25×30cm

DMC25號繡線—參見p.71圖案

口金（F204／13.2cm櫛形／石紋金色）—1個

【作法】

＊口金的作法參見p.83・*gamaguchi No.5*。

＊進行至步驟3時，在上緣中央處預留4cm的返口。

Gamaguchi No.7

側幅波奇包

鳥の羽毛_ *page. 14*／紙型　附錄 A面
蝴蝶＆花_ *page. 23*／紙型　附錄 B面
水中花_ *page. 45*／紙型　附錄 B面

【完成尺寸】

約20×10cm

【材料】

「鳥の羽毛」
表布：亞麻（卡其色）—30×30cm
裡布：亞麻（米白色）—30×30cm
DMC25號繡線—參見p.64圖案
口金（F25／18cm方圓／黃銅鍍金）—1個

「蝴蝶＆花」
表布：亞麻（米白色）—30×30cm
裡布：亞麻（深綠色）—30×30cm
DMC25號繡線：319（綠色）—3束、832（黃色）
口金（F25／18cm方圓／黃銅鍍金）—1個

「水中花」
表布：亞麻（白色）—30×30cm
裡布：亞麻（水藍色）—30×30cm
DMC25號繡線：931（水藍色）—4束
口金（F25／18cm方圓／黃銅鍍金）—1個

【作法】

＊口金包的作法參見p.56。

Gamaguchi No.8 

方形包／小挎包

快樂の休假日_ *page. 25*／紙型　附錄 B面
春天の草原_ *page. 33*／紙型　附錄 B面
山茶花_ *page. 41*／紙型　附錄 B面

【完成尺寸】

約15×15cm

【材料】

「快樂の休假日」
表布：亞麻（水藍色）—25×40cm
裡布：亞麻（藍綠色）—25×40cm
DMC25號繡線：參見p.68圖案
口金（F29／15cm方圓・可掛式／金色）—1個
流蘇：A.F.E.麻繡線301（水藍色）—1束
喜愛的提把或小掛飾—1個

「春天の草原」

表布：亞麻（灰色）—25×40cm

裡布：亞麻（深灰色）—25×40cm

DMC25號繡線：ecru（白色）、833（黃色）、645（灰色）

口金（F29／15cm方圓・可掛式／鎳色）—1個

流蘇：A.F.E.麻繡線402（灰色）—1束

喜愛的提把或小掛飾—1個

「山茶花」

表布：亞麻（紅茶色）—25×40cm

裡布：亞麻（海軍藍）—25×40cm

DMC25號繡線：939（海軍藍）—2束

口金（F29／15cm方圓・可掛式／金色）—1個

鏈條（K112／附鉤釦方形小鏈圈鏈條／金色）—120cm

＊流蘇為參考作品（以亞麻布拆解製作）。

【製作方法】

＊口金包的作法參見p.56。

1

在表布正面複寫出口金包的紙型輪廓＆刺繡圖案後，以疏縫線等較粗的縫線，沿著口金包紙型輪廓以平針縫疏縫記號線，並依圖案進行刺繡。

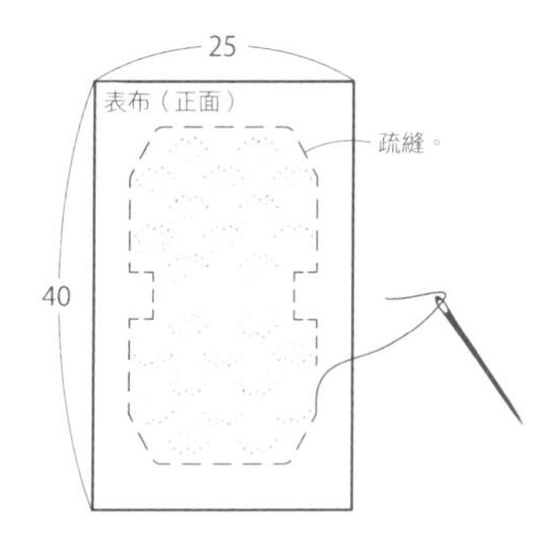

2

在表布上輕輕噴水去除記號筆的印記後，以熨斗進行整燙。

3

將表布＆裡布正面相對疊合，並以珠針固定。以縫紉機沿著步驟*1*疏縫線內側進行車縫，並在上緣處預留5cm左右的返口。

4

去除疏縫線後，預留0.5cm縫份裁剪主體布，並在曲線處＆側幅轉角的縫份上剪牙口（p.57 *Point*）。

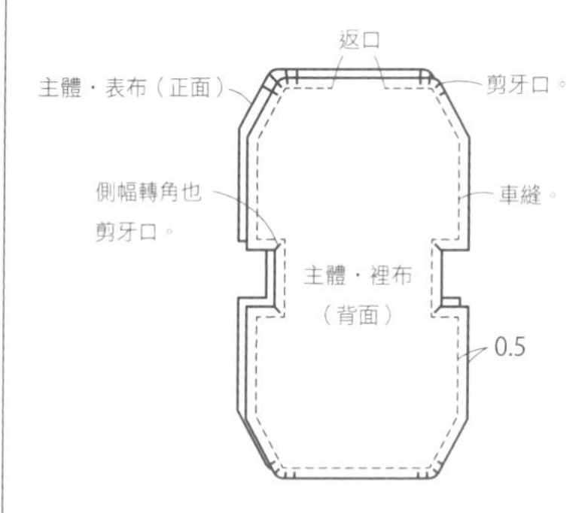

5

從返口處翻回正面，以熨斗整燙形狀。

將邊角處縫份確實壓摺後翻回正面，並以錐子輔助將角度翻出。

6

在主體返口處的上緣距邊0.2cm處進行壓線車縫，另一側的上緣處作法亦同。

7

兩片主體布正面相對疊合＆以珠針固定後，取與表布同色的線以捲針縫縫合脇邊＆底部。此時應時以細針目僅挑縫表布的方式進行縫合（p.57步驟*6*）。

8

壓開脇邊＆與底布中線對齊重疊，再以捲針縫的方式縫合底部側幅（p.57步驟7）。

9

翻回正面＆整理形狀後，將袋口裝接上口金。

10

製作流蘇（p.59）＆裝接於口金上，再將喜愛的提把與長鏈條也固定於口金上。「春天の草原」再加上以「*gamaguchi No.2*／方形迷你口金」（p.80）相同作法製作的小口金。

Gamaguchi No.9

大型手拿包

植物花叢_ *page. 17*／紙型　附錄 B面
花朵×魚鱗紋_ *page. 19*／紙型　附錄 B面

【完成尺寸】

約25×11cm

【材料】

「植物花叢」
表布：亞麻（灰色）—35×35cm
裡布：亞麻（深灰色）—35×35cm
DMC25號繡線—參見p.65圖案（僅319使用2束）
口金（F73／20.4cm櫛形・可掛式／金色）—1個
流蘇：appletons羊毛線921（灰色）—1束
鏈條（K111／附鉤釦方形小鏈圈鏈條／金色）—38cm

「花朵×魚鱗紋 」
表布：亞麻（紅色）—35×35cm
裡布：亞麻（駝色）—35×35cm
DMC25號繡線：739（奶油色）—5束
口金（F73／20.4cm櫛形・可掛式／金色）—1個
流蘇： appletons羊毛線723（紅色）—1束
鏈條（K111／附鉤釦方形小鏈圈鏈條／金色）—38cm

【作法】

＊口金包的作法參見p.56。

1

在表布正面複寫出口金包的紙型輪廓＆刺繡圖案後，以疏縫線等較粗的縫線，沿著口金包紙型輪廓以平針縫疏縫記號線，並依圖案進行刺繡。

2

在表布上輕輕噴水去除記號筆的印記後，以熨斗進行整燙。

3

將表布＆裡布正面相對疊合，並以珠針固定。以縫紉機沿著步驟*1*疏縫線內側進行車縫，並於上緣處預留5cm左右的返口。

4

去除疏縫線後，預留0.5cm縫份裁剪主體布，並在曲線處＆側幅轉角的縫份上剪牙口（p.57 *Point*）。

5

從返口處翻回正面，以熨斗整燙形狀。將邊角處縫份確實壓摺後翻回正面，並以錐子輔助將角度翻出。

6

在主體返口處的上緣兩側邊端各預留約3cm，自距邊0.2cm處壓縫車縫。另一側的上緣作法亦同。

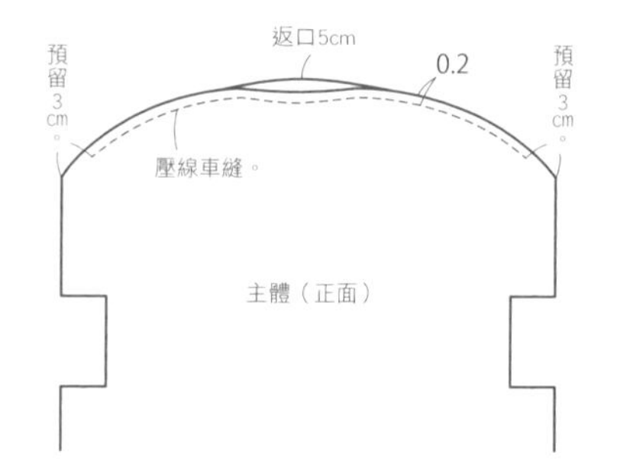

7

兩片主體布正面相對疊合＆以珠針固定後，取與表布同色的線以捲針縫縫合脇邊＆底部。此時應時以細針目僅挑縫表布的方式進行縫合（p.57步驟*6*）。

8

壓開脇邊＆與底布中線對齊重疊，再以捲針縫的方式縫合底部側幅（p.57步驟*7*）。

9

主體翻回正面＆整理形狀後，將袋口裝接上口金。

10

以appletons羊毛線捲繞90圈製作流蘇＆（p.59）接連於口金上，再將鏈條也掛接固定於口金上。

〈原寸紙型〉

花
Page. 8
Gamaguchi No.1
Page. 78

◎刺繡針法p.62

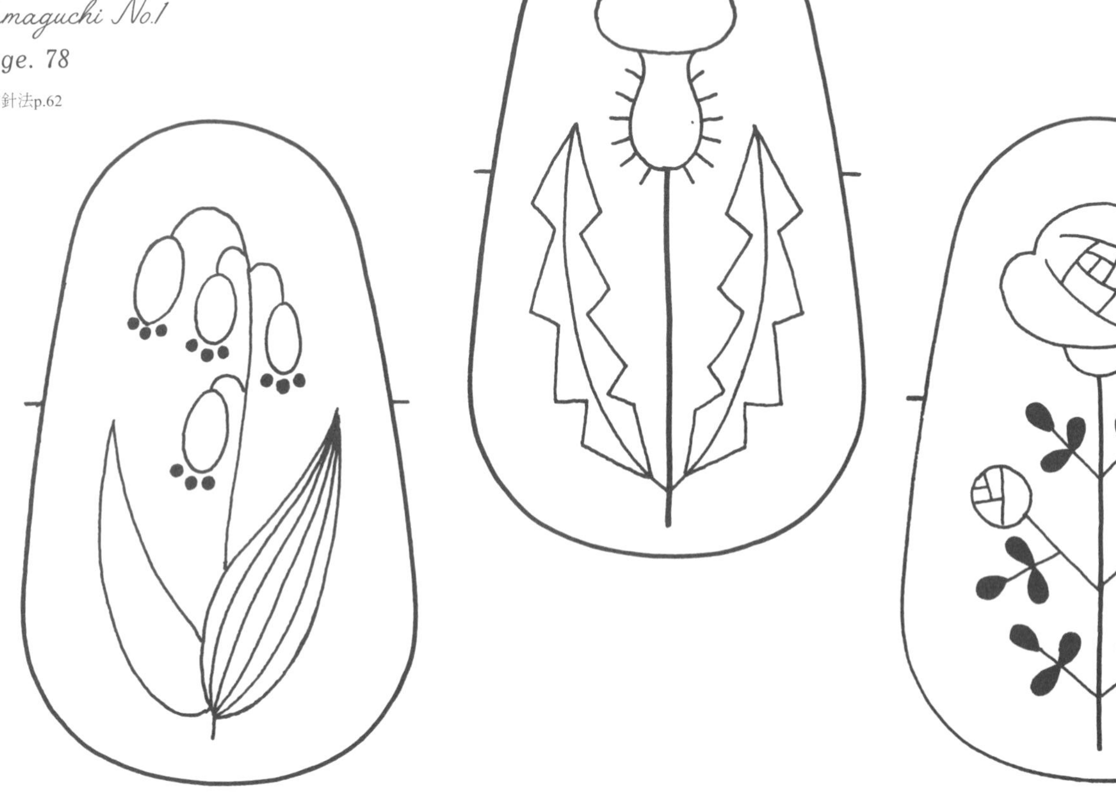

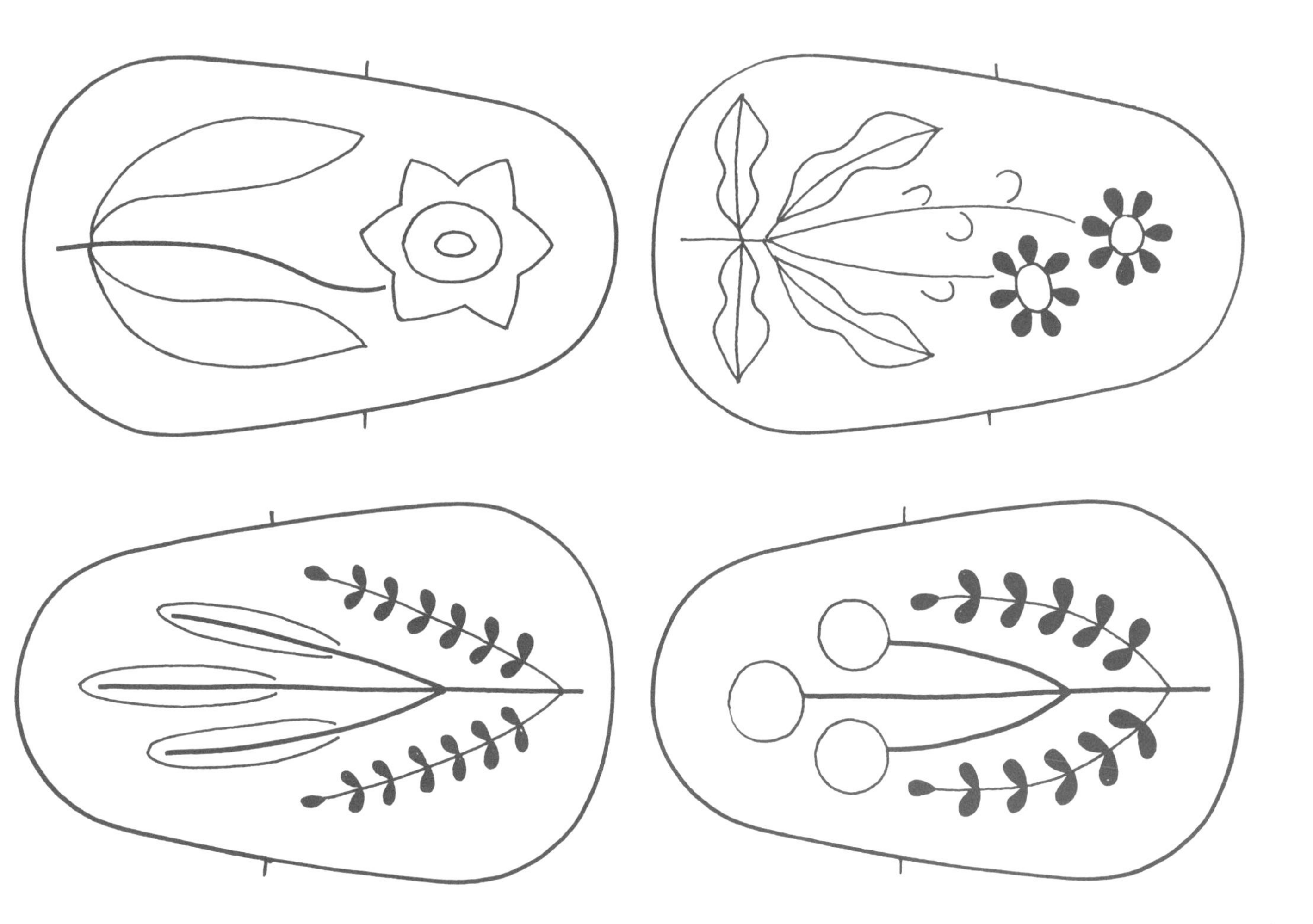

蝴蝶

Page. 11

Gamaguchi No.2

Page. 80

◎刺繡針法p.61

春天の草原

Page. 33

Gamaguchi No.2

Page. 80

◎刺繡針法p.71

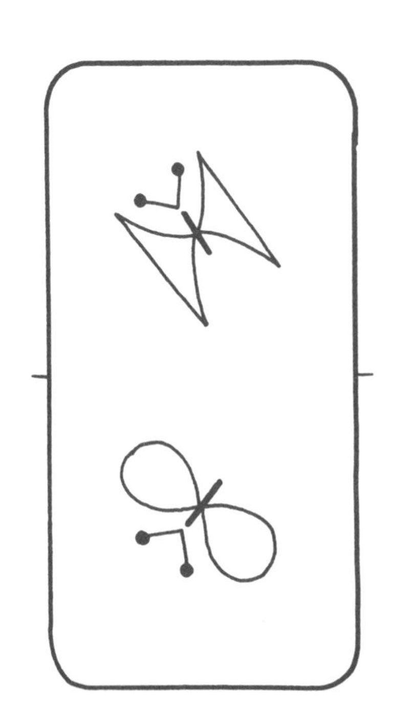

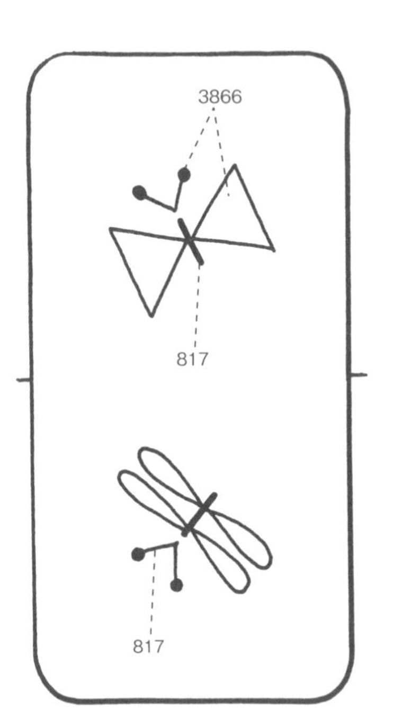

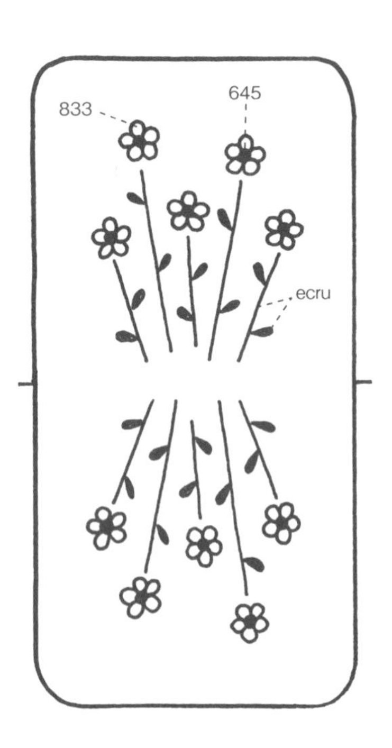

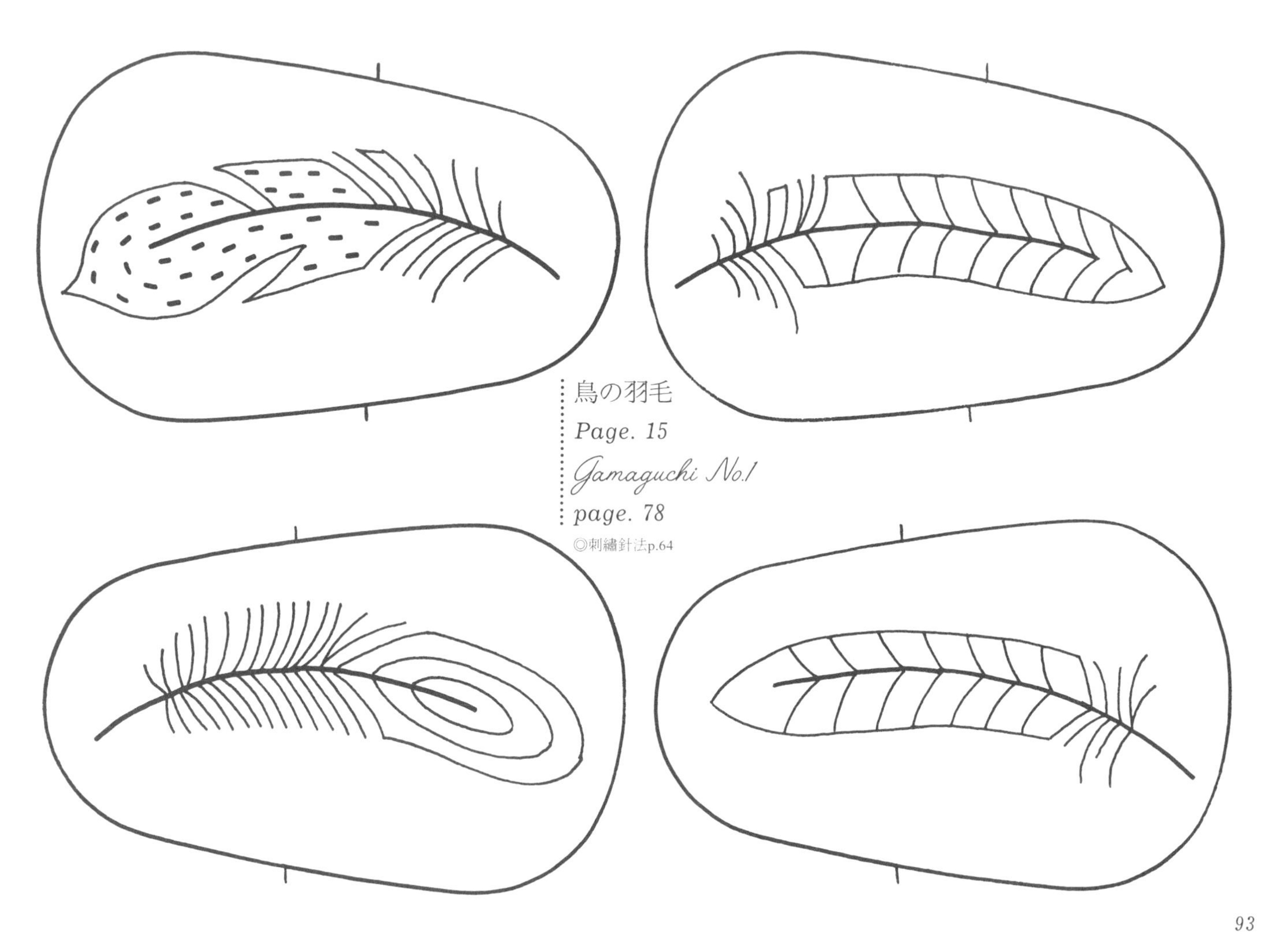

鳥の羽毛
Page. 15
Gamaguchi No.1
page. 78
◎刺繡針法p.64

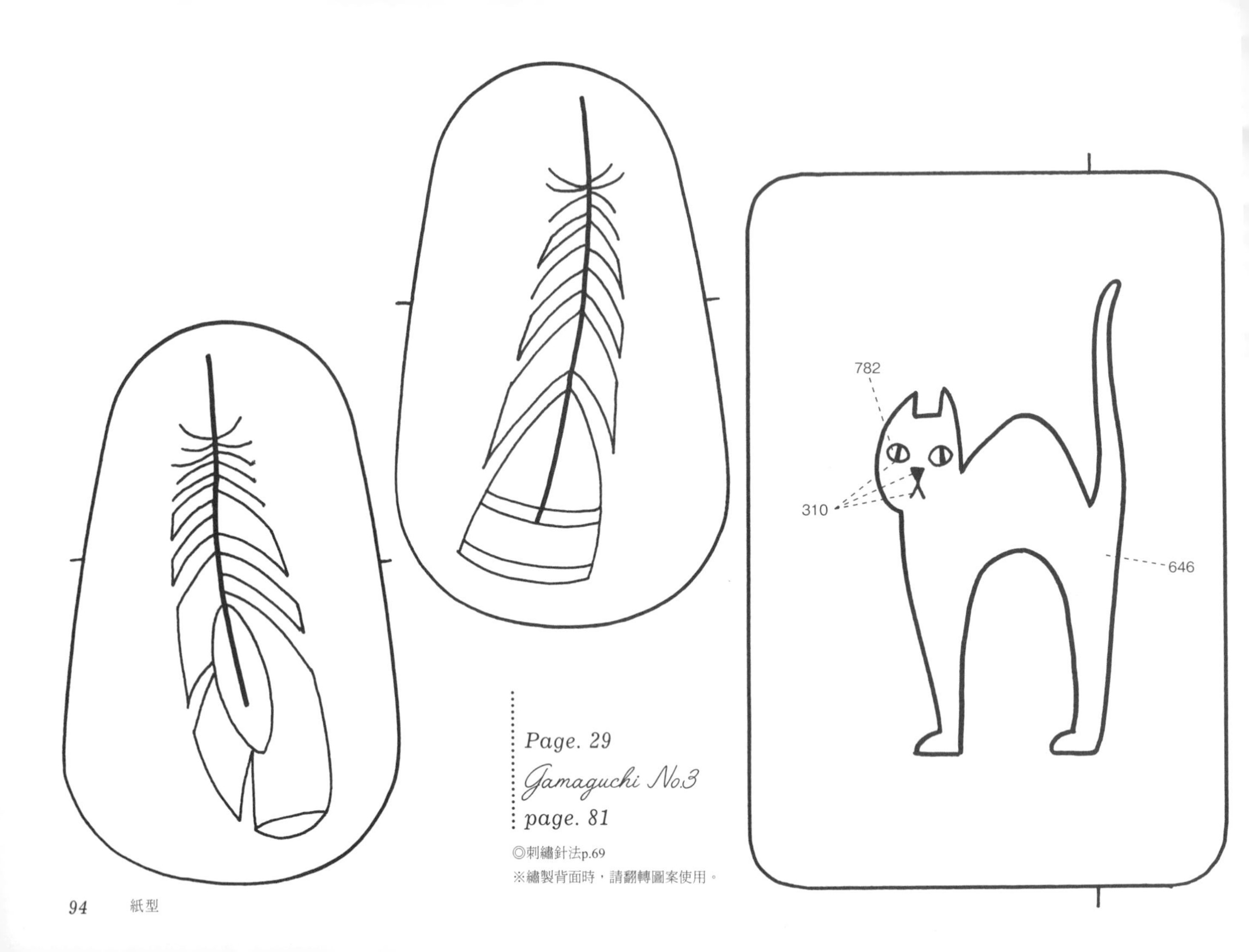

Page. 29

Gamaguchi No.3

page. 81

◎刺繡針法p.69

※繡製背面時，請翻轉圖案使用。

男生&女生

Page. 31

Gamaguchi No.3

page. 81

◎刺繡針法p.70

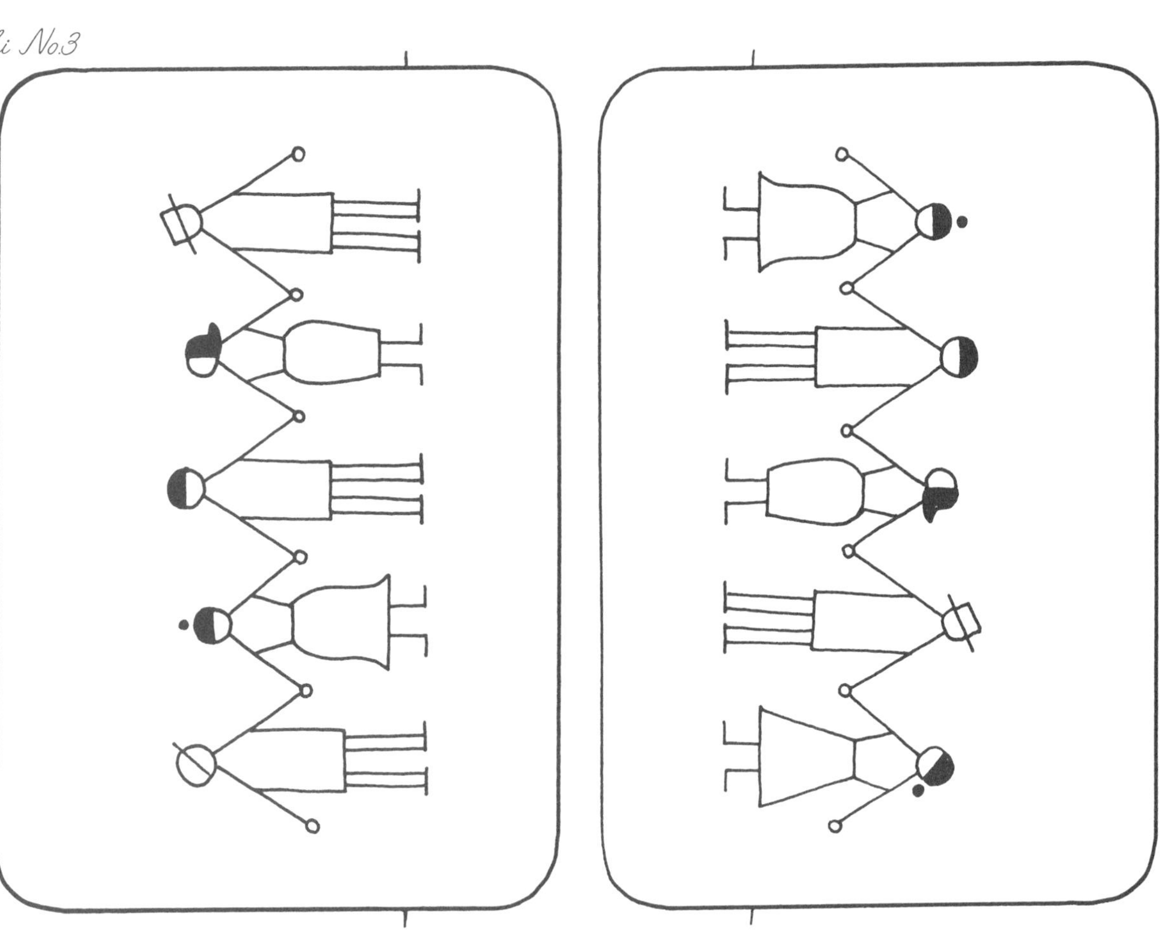

口金包の美麗刺繡設計書

作　　　　者／樋口愉美子
譯　　　　者／駱美湘
發　行　人／詹慶和
總　編　輯／蔡麗玲
執 行 編 輯／陳姿伶
編　　　　輯／蔡毓玲・劉蕙寧・黃璟安・李佳穎・李宛真
執 行 美 編／周盈汝
美 術 編 輯／陳麗娜・韓欣恬
內 頁 排 版／造極彩色印刷
出　版　者／雅書堂文化事業有限公司
發　行　者／雅書堂文化事業有限公司
郵政劃撥帳號／18225950
戶　　　　名／雅書堂文化事業有限公司
地　　　　址／220新北市板橋區板新路206號3樓
電 子 信 箱／elegant.books@msa.hinet.net
電　　　　話／(02)8952-4078
傳　　　　真／(02)8952-4084

2018年1月初版一刷　定價 320 元

經銷／易可數位行銷股份有限公司
地址／新北市新店區寶橋路235巷6弄3號5樓
電話／(02)8911-0825
傳真／(02)8911-0801

國家圖書館出版品預行編目資料

口金包の美麗刺繡設計書 / 樋口愉美子著 . -- 初版 . -- 新北市 : 雅書堂文化 , 2018.01
面；　公分 . --（愛刺繡 ; 15）
譯自 : 刺繡とがま口
ISBN 978-986-302-408-8(平裝)

1. 刺繡 2. 手工藝

426.2　　106024167

材料協助／
リネンバード
東京都世田谷区玉川3-9-7
http://www.linenbird.com/

角田商店
東京都台東区鳥越2-14-10
http://shop.towanny.com/

DMC
http://www.dmc.com（全球官網快速連結）

STAFF

書籍設計／塚田佳奈（ME＆MIRACO）
攝影／masaco
造型／前田かおり
髮型化妝／高松由佳
模特兒／クレア•ボーゲン（Suger＆Spice）
製圖＆DTP／WADE手芸制作部
校閱／向井雅子
編輯／土屋まり子（スリーシーズン）
　　　西森知子（文化出版局）
日文版發行人／大沼淳